日本航空・B737-800

大韓航空・A300 - 600

新加坡航空・A380

夢幻運輸機

紐西蘭航空（Freedom Air）・B737-300

大陸航空・B737 - 800

太平洋航空・B747-400

斯塔地那維亞航空・A340 - 300

英國航空・B747-400

法國航空・超音速客機

飛機如何飛上天？

——從機場發現 50 個航空新常識

秋本俊二◎著

吳佩俞◎譯

晨星出版

WOW！知的狂潮

　　廿一世紀，網路知識充斥，知識來源十分開放，只要花十秒鐘鍵入關鍵字，就能搜尋到上百條相關網頁或知識。但是，唾手可得的網路知識可靠嗎？我們能信任它嗎？

　　因為無法全然信任網路知識，我們興起探索「真知識」的想法，亟欲出版「專家學者」的研究知識，有別於「眾口鑠金」的口傳知識；出版具「科學根據」的知識，有別於「傳抄轉載」的網路知識。

　　因此，「知的！」系列誕生了。

　　「知的！」系列裡，有專家學者的畢生研究、有讓人驚嘆連連的科學知識、有貼近生活的妙用知識、有嘖嘖稱奇的不可思議。我們以最深入、生動的文筆，搭配圖片，讓科學變得很有趣，很容易親近，讓讀者讀完每一則知識，都會深深發出WOW！的讚嘆聲。

　　究竟「知的！」系列有什麼知識寶庫值得一一收藏呢？

　　【WOW！最精準】：專家學者多年研究的知識，夠精準吧！儘管暢快閱讀，不必擔心讀錯或記錯了。

　　【WOW！最省時】：上百條的網路知識，看到眼花還找不到一條可用的知識。在「知的！」系列裡，做了最有系統的歸納整理，只要閱讀相關主題，就能找到可信可用的知識。

　　【WOW！最完整】：囊括自然類（包含植物、動物、環保、生態）；科學類（宇宙、生物、雜學、天文）；數理類（數學、化學、物理）；藝術人文（繪畫、文學）等類別，只要是生活遇得到的相關知識，「知的！」系列都找得到。

　　【WOW！最驚嘆】：世界多奇妙，「知的！」系列給你最驚奇和驚嘆的知識。只要閱讀「知的！」系列，就能「識天知日，發現新知識、新觀念」，還能讓你享受驚呼WOW！的閱讀新樂趣。

　　知識並非死板僵化的冷硬文字，它應該是活潑有趣的，只要開始讀「知的！」系列，就會知道，原來科學知識也能這麼好玩！

發現機場裡的有趣常識

　　或許，有一些人剛好要出國前往海外，所以正待在機艙內等待著飛機的起飛，同時還興奮不已地透過窗戶眺望著從機身延伸而出的主翼，以及眼前那片開闊寬廣的機場風景。

　　我自己從開始進行空中旅程至今，即將邁入三十年。在這段期間，我採訪了各式各樣的航線，並與許許多多的相關人士談話討論，甚至與機場地勤人員一同行動、造訪維修廠區，甚至在飛行操作現場進行近距離的貼身採訪。

　　隨著飛行次數的累積，讓我對客機的興致也跟著益發濃厚，甚至開始想要知道更多的相關資訊。此刻閱讀此書的你也有著相同的想法吧！

　　當飛機飛離地面時，時速表的指針會指在哪一個數值？主翼如此激烈地上下擺動會不會有問題？機艙裡頭又有哪些精心設計配置的東西？駕駛艙是什麼樣子呢？甚至是機場這個搭乘飛機時的必經之地，大家應該也有著各式各樣想要一探究竟的問題吧！

　　那麼，客機一開始又是如何飛上天空的呢？或許，有些人就是因為如此簡單的問題才會找來本書而期待能夠獲得解答。

　　自從萊特兄弟首次的動力飛行成功以來，翱翔於天空的基本原理始終沒有改變，而廣袤開闊的天空也一如往昔，自始至終都歡迎著我們。不過，客機這個飛行裝置卻藉由技術的進步與經驗的累積而有了極為巨大的變化。

　　不論是從客機飛翔天際的基本構造，或是飛機至目前為止所承繼到的各種先驅者的智慧，甚至是藉由技術的進步而誕生的機體與設備等等，這些與客機息息相關的各種問題，都是本書想要

嘗試解答的部分。此外，為使飛行旅程能夠更加有趣，我們也會提出在航行方面不太為人所知的各種情況，並且盡可能地舉出具體事例，讓大家能夠更容易了解。

　　飛機為何能夠飛翔於天際呢？即使是對於「藉由噴射引擎的力量而使機體前進，並以高速促發主翼上方的空氣流動，進而產生被稱為『升力』的上升力量。」這樣的詞語來說明問題還是不太能夠理解的讀者，我們也會在該段文章即刻進行某個簡單的實驗。如此一來，就能讓他們眼中閃耀著確實理解飛行原理的動人光芒。在本書中，我們沒有使用任何一條數學算式，而且也盡可能地排除過度艱澀難懂的專業術語。敘述內容都是曾經發生過的事情與各種小故事，以及空服員與飛行駕駛們所告知的各種訊息，並以淺顯易懂的方式來解說。其中，甚至包括了許多筆者曾親身體驗過的驚奇事件。

　　為了讓大家能夠深刻理解機體的構造與裝置、機艙與駕駛艙設計等相關常識，書中配置許多照片及圖像。除了各家航空公司所提供的圖片，其餘多數刊載的相片都是多次與我同時前往海外採訪的航空攝影家──小栗義幸先生所提供的。如果沒有各家航空公司及小栗義幸先生的鼎力相助，我想本書是絕對無法順利完成，在此感謝大家的幫忙。

二〇〇九年三月　　秋本俊二

CONTENTS

第三章 ▎機艙的常識

第 一 章

機體的常識

客機為何能夠翱翔於天空當中？主翼的襟翼與擾流板的作用是什麼？
若是近距離地仔細觀察客機，想要一探究竟的各種疑問就會陸陸續續浮現腦海。在本章，從飛機的機身構造到噴射引擎結構，甚至是新登場的空中巴士與波音公司的最新強力機種，以及有關機體的各種常識我們都會一一詳細介紹。

01 飛機如何飛上天？

　　「那麼一大團鐵塊居然可以飛上天空，真是太不可思議了！」到現在為止，我已經遇到很多人都跟我這麼說。不過，事實真是如此嗎？其實，上面這個說法包含了二個不正確的誤解。

　　第一，飛機可絕對不是什麼「一大團鐵塊」之類的東西。

　　第二，飛行本身並沒有任何不可思議之處，飛機飛不起來才真的叫做不可思議。

　　現在，我們就先從第一個錯誤開始看起。

飛機構造有如貼上輕薄鋁片的燈籠

　　若是真的使用「一大團鐵塊」來製造飛機，想必完成後的飛機一定非常堅固剛硬，而且也不會輕易被弄壞。但是這樣的飛機重量必然會過重，根本就無法起飛且持續停留在天空當中。所以「輕量化」就是設計飛機時的關鍵重點之一。

　　為了讓飛機輕量化，所以在機體材料方面便特別使用了「鋁合金」這種材質。

　　這種飛機用鋁合金一般被稱為「杜拉鋁（duralumin）」，是由鋁、銅、鎂、錳等物質混合後製成的。其特色就在於重量比鐵還要輕，而且性質強韌、堅固，是一種非常適合作為飛機材料的合金。

　　因為包覆於客機機體蒙皮（skin）的鋁合金厚度大約只有

1〜2公釐，所以為了讓使用這種輕薄材料的機體強度能夠達到最大極限，於是飛機機體便被設計為組合了堅固構架（frame）與桁條（stringer）的「半單殼式結構」（semi monocoque construction）。

也就是說，客機其實並不是什麼金屬團塊，而是一種骨架上貼附著輕薄鋁片的燈籠式構造。同時，在會產生高溫與壓力的引擎內部，也使用了鎂合金、鈦合金、鎳合金等材料。

隨著近年來的技術開發不斷進步，現在也出現了被稱為「複合材料」的新式素材。這種複合材料是由纖維材料與塑化製品所組合而成，並被用來取代舊有的鋁合金材料。複合材料因為擁有優異的彈性與耐久度，所以多使用於被稱為高科技飛機的波音777等機型的起落架（landing gear）部分，以及飛機機翼當中的襟翼（flap）、水平、垂直等尾翼部位。

利用半單殼式結構製造而成的客機機體

為了讓輕薄材料的強度發揮到最大極限，所以客機機體被設計為組合了堅固構架與桁條的「半單殼式結構」。

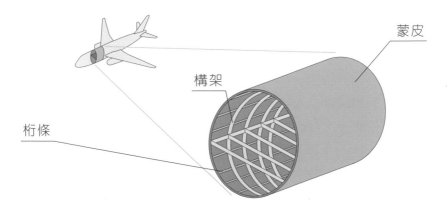

蒙皮

構架

桁條

350 噸機體飛上天空的不可思議

說到這裡，大家應該都已經了解，為了盡可能地減輕飛機的整體重量以及提升強度，客機會在製造時使用鋁合金與複合材料等物質。

但即便如此，每架飛機的機體重量還是非常驚人，像是被稱為「巨無霸機（jumbo Jet）」的波音747客機，在裝滿乘客、貨物、燃料的狀態下，飛機總重量竟高達350噸，可是這350噸重的機體還是能在天空當中靈活飛翔，難怪有些人會感到嘖嘖稱奇、不可置信。

不過，我們如果再仔細地思考看看，就會發現從理論上看來，飛機飛不起來才是不可思議的事情。

雖然有好幾個方法都能夠驗證這個道理，但這裡還是用我開始學習航空工程時，教授最初教我的方法來加以證明。

利用湯匙實驗來驗證升力

首先，準備一隻湯匙。不論是攪拌咖啡或是食用咖哩飯的湯匙都可以，然後走到浴室或是廚房扭開水龍頭，讓水龍頭裡的水流瀉而出。

接著如同右頁圖片所展示的，將食指與拇指輕輕夾住湯匙柄的前端使其向下垂掛，然後讓湯匙背面的圓弧面靠近正在流動的水，當湯匙的圓弧部分靠近水流的瞬間，是否發生了什麼事呢？大家應該有發現湯匙被流水給吸過去了吧！如果再將水龍頭轉到底，讓水量變大，湯匙就會被水流更為強力地吸引過去。

如果我們從正側面來觀察湯匙的形狀，就能夠理解飛機主翼上之所以會產生「升力」的原因。事實上，飛機主翼上方圓弧突

起部分的斷面，與從側面看到的湯匙形狀是非常相似的。

　　現在，請大家將水管流出的水當作是空氣。當空氣以高速流過機翼的上方時，就會產生被稱為「負壓」的空氣壓力差，而這正是將機體向上推起的升力。

　　巨無霸機的主翼面積約為583平方公尺，大概是可同時容納兩個網球場那般的大小。當噴射引擎的力量使機體往前行進時，高達300公里的時速也會讓空氣迅速流過翼面，進而促使總重量350噸的機體輕輕鬆鬆、不可思議地飛上天空。

　　這個在家裡也可以簡單進行的湯匙實驗，請大家務必親自嘗試進行看看。

✈ 空氣的流動與升力

如果讓快速流動的空氣從機翼上方流過，就會產生被稱為「負壓」的空氣壓力差，並且成為舉起機體的升力。

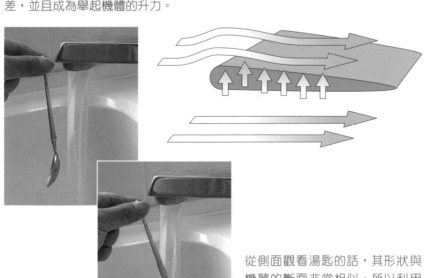

從側面觀看湯匙的話，其形狀與機翼的斷面非常相似。所以利用湯匙實驗就能確實感受到升力的存在。

02 客機飛行時會拍動翅膀嗎？

「欸，你看！這架飛機正在拍動翅膀呢！」

坐在經濟艙中間區域，約在主翼略為後方窗邊的小男孩這麼叫喊著。聽到孩子這麼說的媽媽似乎非常在意周圍眾人的眼光，趕緊回答道，「飛機又不是鳥，不會拍動翅膀啦！」

不過，對於這個小男孩來說，其實客機看起來應該就像是在拍動翅膀吧！因為當飛機通過氣流不穩定的區域時，主翼隨之搖晃而上下彎曲的情況是很常見的。

那麼，我們現在就來仔細觀察客機主翼的構造吧！

主翼設計重點在「順風彎折的柔軟度」

客機的主翼是由翼樑（spar）、翼肋（ribs）、蒙皮（skin）等部分所組合而成的。主翼上會有數根翼樑順著翼幅的方向（從翼根沿至翼端方向）延伸而出，並且還裝設了與其呈直角交錯的翼肋。在有如日式拉門格子般的骨架上方與下方，都以日式拉門貼附著紙張的方式裝設了飛機的蒙皮。

主翼的功用就在於產生可讓客機飛上天空且持續停留的升力，但飛行中卻可能出現主翼朝往上方彎曲，機身部分因為重力作用反而被拉往地面的情況，所以若是主翼的構造不能具備足夠的柔軟性，機翼就有在空中瞬間啪地折損而斷裂的危險性。

因此，除了強度之外，主翼設計最重要的關鍵就是這個「順

風彎折的柔軟度」了。所以在飛機通過空中氣流不穩定的區域時，會出現如此上下劇烈擺動的情況自然也就不足為奇。也因為上面這個原因，機翼才會設計成為這樣子的組成構造，而且這種方式還能分散翼根部分所承載的力量，進而降低機身（客艙）的搖晃程度，並且提升旅客搭乘飛機時的舒適感。

事實上，我自己也曾多次近距離目擊飛行中的主翼下上晃動達5公尺左右。正因為如此，文章開頭所介紹的小男孩才會覺得這看起來「就像是鳥類在拍動翅膀」吧！

客機主翼的構造

客機主翼是由翼樑、翼肋、蒙皮等部分所構築而成的。

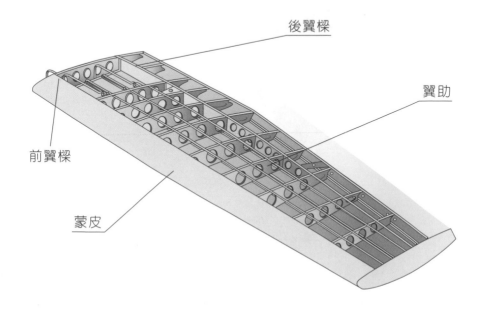

後翼樑

翼肋

前翼樑

蒙皮

模仿鳥類的天才──達文西

　　此外，從前也有不少試圖模仿鳥類飛翔在天空中的發明家與冒險家。那是在飛機尚未問世的時候，也是非常遙遠的古老年代。許許多多夢想著如同鳥類一般飛進蔚藍天空的先驅者們，都是從模仿禽鳥飛行動作中最為醒目的「展翅拍擊運動」，開始研究如何製造飛機的。

客機的主翼擁有優異的柔軟度

飛行中的主翼下上晃動可達5公尺左右。看起來「就像是鳥類在拍動翅膀」。

　　帶領歐洲文藝復興風潮的天才科學家——李奧納多・達文西，也是上述冒險家的其中一人。

　　他試圖用科學來解釋鳥類振翅拍動的構成與原理。達文西認為「鳥類之所以能夠飛翔，就在於牠們的翅膀可如同划動船槳那般地動作」。而且，他還以老鷹為對象，仔細觀察翅膀的動作，並且畫成素描圖畫，藉此分析拍動翅膀時會運用到的肌肉與骨骼構造。此時，剛好也是這位偉大藝術家正在進行「蒙娜麗莎」畫作的期間。之後，在西元1490年，達文西以其獨特的理論設計完成了人類史上的首架飛航機械——「撲翼飛機（ornithopter）」。

藉由大大展開翅膀的動作來受風

　　達文西所展現出來的創造性與研究熱誠，實在令人大為折服。但如果仔細看看目前現存的撲翼飛機設計圖面，卻會發現這個機械根本很難飛上天空。

　　因為，天才達文西的實驗焦點只放在鳥類振翅起飛的運動上，根本沒有注意到翅膀還有著「引發升力」的另一個功用。像達文西這樣的天才，應該會很清楚飛行的真正重點，是在於鳥類藉由大大展開翅膀來受風，才能飛上天空翱翔的。

　　可是，只要一想到至今從未出現過撲翼飛機曾實際製作完成的紀錄，就可以推測達文西本人應該最清楚，若是按照圖面進行製作，根本無法獲得飛行時的必要升力！從這一點看來，達文西真可說是最大的罪人了！因為那些繼承天才志向的先鋒們，之後仍對「振翅飛行」這部分的研究持續了好長一段時間，甚至花了兩百年以上的歲月才發現這是個毫無結果、毫無意義的挑戰。

03 襟翼與擾流板的作用為何？

對選擇靠窗位置的人來說，在主翼前、後方視線不被遮蔽的座位似乎比較受到歡迎。不過，有時只剩下主翼附近有空位時，大家通常都是大嘆運氣不佳，並在心中遺憾著「不能看到外面的景色」，同時無可奈何地接受了安排。其實，這種情況才是難得的好機會，因為這裡可以仔細盡情地近距離觀察主翼的動作。

在客機主翼的前緣與後緣都有著可動部分，在飛機起飛或是降落時仔細端詳它們的動作，就能切身感受到客機的設計是多麼地巧妙。

原理與鳥類展翅飛行相同

到這裡，我們已經充分說明了客機之所以能夠飛行，是藉由引擎推力向前行進而使主翼產生升力之故。當翼面在高速前進時，流動的空氣越是快速，就越會增加升力。

飛機在高度一萬公尺的上空巡航時，通常以主翼的面積就能夠充分獲得必要的升力。但飛機在起飛時，速度並不會這麼快，或是相反情況，飛機在降落著陸時，也必須將速度降低到能夠確保安全。為了在速度降低的狀態還能獲得必要的升力，當然就需要加大機翼的面積。

說到這裡，大家不妨想想鳥類從天空降落在陸地時的姿態。鳥類在靠近地面時，應該會充分開展翅膀輕輕地降落到地面上。

這道理和上述的情況完全相同。因為客機的主翼功用即在於增加
面積，也就是所謂的「高升力裝置」。而裝設在主翼的「襟翼」
就是其中的一個代表。

　　所謂的「襟翼」，就是讓飛機機體在低速時仍可在天空中持
續飛行的裝置。除了主翼後方，其前緣亦同樣裝設著襟翼。

　　雖然前緣襟翼是一段式的構造，但大型客機因為需要更高的
升力，所以後緣襟翼的組成已經進化成為「三段式」。大家一定
都看過這三片在飛機巡航時都疊起收入主翼後方的橫長板子，在
飛機降落或起飛滑行於跑道時，打開伸展而出的景象。即使是巨
無霸機那樣的龐然機體，藉由機翼面積的加寬，也可以如同飛鳥
般優雅靈巧地降落到地面上。

主翼的襟翼會在飛機降落時打開

為了在速度大幅降低的狀態仍能獲得必要的升力，飛機會在降落著地時打開襟
翼來增加機翼的面積。

主翼上的隙縫也是非常重要的部分

從座位旁的窗戶仔細觀看，就能夠充分了解襟翼是如何啟動作用的。

當出發準備就緒，飛機從停機坪朝向跑道緩緩移動時，主翼後方的襟翼不久就會發出聲響、開始動作。如果是大型客機的三片式襟翼，大家應該可以觀察到出現在襟翼與襟翼之間，出現被稱為「翼縫（slot）」的隙縫。不過，在加大機翼面積的這層意義上，應該會讓大家覺得機翼最好不要出現任何縫隙，但事實上，這個縫隙的存在卻是非常重要的。因為若是沒有這個隙縫，主翼上方就會產生空氣漩渦來擾亂氣流，導致升力降低。所以機翼上才會刻意設計了翼縫這種裝置，如此即可讓下方竄起的高速空氣通過，並將機翼上方的氣流穩定下來。

飛機起飛後，若是順利上升且速度也隨之提高，襟翼就會被收起放至主翼當中的空間。等到快要接近目的地的機場時，襟翼就會再次開始啟動作用，這時大家應該就會知道「馬上就要降低速度，進入最終的降落著陸姿態了」。

藉由副翼的動作來了解機長的意向

在說明襟翼的相關訊息時，我們不妨也順便了解一下主翼的另一個重要組成——「擾流板（spoiler）」。

會在主翼上方做出立起板子動作的就是擾流板。擾流板與襟翼相反，是用來消去升力的裝置，通常是在飛機要降低飛行高度時所使用的。因為升力與速度會呈現一定比例，所以在一般情況下，想要降低高度應該只需減速即可。也許有人會認為「這麼說來，根本就不需要擾流板啊！」但是某些緊急場合為了能夠維持

速度，且在同一時間盡量迅速地降落到地面上，像這種情況就需要啟動擾流板。

這個擾流板與前面所提到的襟翼，合起來統稱為「副翼」。

當各位下次搭乘飛機，若是不巧只有主翼正上方窗邊的位置是空位的話，不妨隔著窗戶好好觀察副翼的作用，或是機體現在呈現哪種狀態？機長此刻想要進行什麼動作？藉由觀看襟翼與擾流板的動作，並且仔細想想上面這些問題，也是非常有趣的一件事呀！

✈ 翼縫與擾流板

出現在襟翼與襟翼之間的縫隙被稱為「翼縫」，因為能夠減緩亂流干擾，所以也是非常重要的裝置。在其前方會出現立起板子動作的就是擾流板。

04 機翼的燈誌為何是左紅右綠？

　　大家應該都有過抬頭觀察夜空，發現有燈光閃爍的客機通過上空的經驗。在空氣澄靜的日子裡，仔細凝視端詳的話，說不定還可以分辨出飛機主翼尖端上亮著紅色與綠色的燈誌。

　　裝設在左右兩邊主翼的燈誌，各自有著特定的顏色。位於左機翼前端的是紅色，而位於右機翼前端的是綠色。這些燈誌被稱之為「航行燈」（navigation Light），而且絕不可以更改成其他顏色。這到底是為了什麼原因呢？

裝設在主翼尖端的航行燈

裝設在主翼左前端的紅色航行燈，以及右前端的綠色航行燈的功能，是為了在夜間讓對向來機了解本機的行進方向。

藉由燈光判斷對向機的行進方向

不論是哪一架飛機，一定都會在主翼左前端和主翼右前端，分別裝設紅色與綠色的航行燈。

這個目的是為了讓客機在夜間飛行時也能夠清楚判斷前進方向，所以每架客機都有義務裝上光線照射範圍（角度）為110度的航行燈。

例如在飛行途中，如果從駕駛艙裡看到前方其他客機的燈誌，發現右邊是紅的、左邊是綠的，就可以了解該架客機是朝著自己的方向飛過來。尤其在肉眼難以辨識情況的夜間飛行，航行燈更是一種有助飛行駕駛做出判斷的重要號誌。

假設有兩架飛機以900公里的速度互相靠近，其相對速度即為1800公里。那樣驚人的速度與我們日常習慣搭乘的汽車或是電車速度是截然不同的。從駕駛艙中的飛行人員發現對向機的存在開始，一直到雙方擦身而過為止，所需要的時間也不過才10秒鐘左右。在本書的第64頁，我們會針對「客機航行的時速」再進行詳細的解說。

飛行駕駛如果在視野範圍內發現其他的客機，就必須在瞬間即確認其行進方向，並根據個別狀況採取轉向操作等防止相撞或是空中接近（near miss）的安全對策。

空中規則守護著大家的安全

不過，這並不是說進入視線內的對向來機一定會有相撞或是空中接近的情況，這一點請大家務必安心。

一般而言，天空中的客機們都會藉由地面上的塔台所傳送的無線電來控制彼此不要太過接近。即使是兩架飛機都飛在同樣航

道上的情況，也是有規則要求向東的客機需飛在1000英呎為單位的奇數高度，而飛向西方的飛機則是飛在1000英呎單位的偶數高度。

至於航行燈，大家只要將其視為「有助於飛行人員在緊急時刻做出判斷的設備」就可以了。

除了航行燈之外，在客機機體的外側還裝設了許多有著個別功能的燈光號誌。下面，我們就針對主要的部分來加以解說。

哪邊的燈誌亦扮演了重要的角色？

客機必須按照規定裝在機體上的燈號另外還有「防撞燈（anti-collision light）」與「尾燈」等各種燈光。會發出紅色閃光的防撞燈是裝設在大型客機機身的上方與下方。為了讓飛行駕駛在遠方即可清楚發現對向來機，近來的新型機種也都開始在飛機機翼部分裝上了高亮度的白色閃光燈。

當飛機要降落進入機場，以及飛行中的飛機在眾多位置上所裝設用以照亮前方的這類燈光就是「落地燈（landing light）」。落地燈主要是裝在主翼翼根附近，是光線極為強烈的白色燈光，即使在夜間，甚至於30英哩（約48公里）外的遠處都可清楚辨認這個燈誌。另外，大型飛機的水平尾翼左右上方，也都有著「標誌照明燈（logo light）」照亮著垂直尾翼上的航空公司標誌，不論是哪一家航空公司的機體，在夜間都可一目瞭然地清楚分辨。

除此之外，鼻輪起落架的基部也裝有在飛機滑行時，用來照亮滑行引導路線的白色燈光──「滑行燈（taxi light）」。白色燈光的滑行燈是用來輔助裝設於飛機翼端及水平尾翼上的防撞燈，這些燈光各自都扮演了非常重要的角色。

客機外部到處都有燈光

上圖：落地燈是在飛機降落時所使用的燈誌。
下圖：標誌照明燈所照亮的是飛機垂直尾翼上的航空公司標誌圖案。

公園裡有許多孩子們正聚集在一起丟著用紙摺成的紙飛機。不知誰的飛機飛得最遠？或是誰的飛機在空中停留得最久？大家看起來似乎正互相白熱化地競爭著呢！

靠過去看看那幾架得到冠軍的紙飛機後，不禁讓人心裡由衷感到佩服，因為孩子們在這些性能優異的紙飛機上可是下了許多功夫呢！例如，飛機機翼的前端被稍稍向上摺起是誰教他們的？還是他們自己摺了許多飛機後才摸索出來的？孩子們可真是飛行高手啊！因為這種摺法可以讓飛機飛在空中的同時仍能保持姿勢的穩定，並讓飛機飛得更久、更直。

各位讀者也曾將飛機翅膀前端向上摺起後再將紙飛機丟出去嗎？我之所以會佩服這些小孩，是因為真正的客機也採用了完全相同的技巧與智慧呢！

抑制「翼端漩流」的翼端帆

2005年的秋天，從關島出發的大陸航空（Continental Airlines）新材質飛機緩緩地降落在成田機場。這種新材質飛機，就是被稱為波音公司新一代小型機的737-800。可能有些人心裡會認為，「其他家航空公司也有波音737-800的飛機進行飛行服務，哪有什麼特別新穎的呢？」不過，請大家看看右頁的圖片。發現了嗎？沒錯，它的特異之處就在主翼的翼端。

✈ 裝有翼端帆的波音 737-800

大陸航空很早就開始進行改裝翼端帆的波音737-800型客機。
〔照片提供＝大陸航空〕

　　看到了嗎？就是在飛機機翼前端上還有一個小翅膀直直地向
上方豎起？

　　這個裝置的目的就是用來減輕飛行中的空氣阻力，也被稱為
「翼端帆（又稱翼尖帆、翼端小翼）」。當飛機的主翼上方空氣
流速較快，下方較慢時，就會產生壓力差，這就是可讓飛機浮起
升高的「升力」。不過，此時主翼的翼尖部分卻會因空氣從下方
朝上逸去，並會產生導致空氣阻力發生的「翼端漩流」。而翼端
帆就是用來解決這個問題的裝置。

節省 3 ～ 5％燃料消耗的妙招

這裡我們再詳細地說明一下。因為客機主翼上面的氣壓比下方還低，所以在機翼的尖端部位就會有氣流從下方向上方旋轉捲入而產生漩流。這個翼端漩流就是一種會將機翼向後方拉扯的力量——也就是變成了客機往前飛行時的阻力。

翼端帆的功能除了可將翼端漩流分散開來，同時還可以把這股氣流改變為往前行進的推力，所以即可藉此節省約3～5％的燃料消耗。

✈ 翼端帆有兩種類型

在波音737-800型客機上，所裝設的是「融合式翼端帆」，其形態有如將主翼延展伸長而描繪出圓滑的曲線（上圖）。相對於此種類型，波音747-400型客機的翼端帆則是以尖銳角度的彎折形狀為其特徵（下圖）。

客機的翼端帆是從西元1990年前後製造的波音747-400機型開始引進的，之後並從此成為客機的標準配備。波音747-400型客機的翼端帆形狀是主翼前端有著尖銳角度的彎折，但是新一代的737-800等機型卻採用了將主翼延長伸展而描繪出圓滑曲線的「融合式翼端帆」。

大陸航空公司為了節省燃料的消耗，從很早就開始著手進行翼端帆的飛機設備裝配。在2006年春天，此公司旗下擁有的全部737-800機型均已改裝完畢。而在2005年秋天從樞紐機場所在地的關島來到成田機場的機體，正是配備翼端帆機型首次飛航至日本的第一號機。

體積看似不大，實際高度卻有 2.5 公尺

照片裡的翼端帆看起來似乎很小，但實際的高度卻將近2.49公尺。大陸航空的相關人士曾向我提及，「飛機在裝設翼端帆後所節省的燃料，每年每架大約可達到30萬公升之多。」

之後，中華航空（China Airlines）等各家公司也開始進行其所有737-800型客機的翼端帆改裝，而日系航空公司則是在全日本航空（All Nippon Airways）與日本航空（Japan Airlines Corporation）分別引進配備翼端帆的737-700及737-800型客機後，也開始陸續加入飛航行列。波音737-700以及737-800型客機都是這兩家公司確實能夠節省燃料消耗的戰略性機型。不論是哪家公司的人員，都對裝配翼端帆的機型有著莫大的期待，並且衷心希望「國內線與國外線均可逐漸擴大此類飛機的飛航路線」。

朝向天空直立豎起的翼端帆大多是塗上紅色或是藍色等各家航空公司的象徵顏色，近來也逐漸成為彩飾天空的航空公司個性化特徵之一。

06 飛機的油箱在哪裡？

　　有人曾經問我，「客機也是使用汽油飛行的嗎？」他們大概是認為飛機燃料與使用引擎行駛的汽車燃料是一樣的吧！

　　不過，這個問題的答案卻是否定的，因為飛機並不是燃燒汽油來飛行。噴射機型的客機所使用的航空燃油稱為「航空煤油」，其性質與石油煤爐所用的燈油非常相似。

　　不過，飛機燃油的用量可是非同小可。以巨無霸機——波音747型客機來說，該型飛機存放燃料的油箱容量約為23萬公升，大概可換算為一千個以上的大型汽油桶。那這些如此巨大的油箱究竟隱藏在客機的何處呢？

噴射式飛機的燃料——「航空煤油」

　　首先，我們先針對「航空煤油（kerosene）」這種燃料簡單地說明一下。

　　所謂的「航空煤油」，其實就是大家在冬天裡房間暖氣使用的煤油的一種。不過，這種燃料與含水量高的家庭用燈油並不相同。噴射式客機的飛行高度是在一萬公尺以上的高空，氣溫將近攝氏零下50度，所以水分太多時就會在高空中冰凍凝結。為了避免這種情況，客機所使用的燃料雖然也是此類煤油的一種，但水分較少，純度非常高。這就是被稱為「航空煤油」的噴射式飛機用燃料。

　　客機飛行時，必須貯存大量的航空煤油。例如飛行在連結日本與歐洲之間長距離航線的最新型波音777型客機，其承載的燃料最多可達17萬公升左右（約為850個大型的汽油桶）。光是燃料的重量就超過140噸。也就是說，幾乎與客機機體相同重量的燃料全都被存放在飛機的內部當中。

　　數量如此驚人的沉重燃料是置放於何處呢？雖然答案可能頗為令人意外，但大型客機的油箱其實是裝設在左右兩邊大大伸展而出的主翼內部。

　　雖然有些最新型的機種在水平尾翼裡頭也設置了油箱，但是主要的油箱還是放在主翼當中。之所以會如此處理，其實是有著非常重要的理由。

✈ 波音 747-400 型客機的油箱

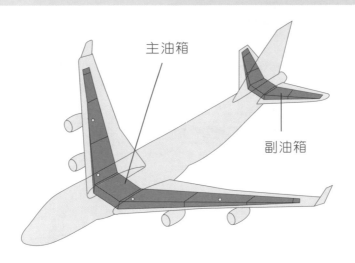

主油箱

副油箱

飛機的水平尾翼裡雖然也設有油箱，但主要的油箱還是設置於飛機的主翼當中。大約可搭載一千個大型汽油桶以上的燃料。

取代「重心石」功能的巨大油箱

　　油箱之所以會設置在主翼當中，最大的理由就是為了避免主翼翼根所承載的力量（彎曲力距）過大。

　　在飛行之中的客機，其主翼與機身會有相反方向的力量各自產生作用。主翼引發升力後會朝上方升起，但機身卻會因沉重的重量而被往下拉，所以主翼的翼根部分就會增加非常巨大的力量。為了緩和這股力量，就必須在主翼裡頭放入如同「重心石」的東西。而能夠積存大量燃料的油箱就取代了「重心石」的功用。

✈ 位於主翼內側的加油孔

機場的地面工作人員打開飛機主翼內側的加油孔，為接下來的飛行任務補給燃料。

當主翼內部放入大量燃料而使重量變重後，主翼就不會因重量而過度彎曲了──這真是個聰明的想法呀！

不過，事實上，飛機並不會在油箱全部加滿的狀態下進行飛行任務。就好像我們進餐完畢後，肚子十分飽脹時，動作就會變得很遲鈍緩慢，飛機也同樣會因為機體重量的增加而使油料消耗效率變差，造成燃料的浪費。所以每架飛機所承載的燃料容量，都會以配合氣象條件的當日飛行計畫，以及包含乘客與貨物的機體總重量等情況來決定最適合的數字。

讓主翼內燃料不會移動的巧妙設計

接下來，讓我們再繼續談談有關油箱的話題。

雖然前面已說過油箱就位於飛機的主翼當中，但是它並非單獨一個巨大箱子啪地一聲裝在飛機上。飛機的油箱其實是細分成主油箱、備份油箱等，而這數個油箱都是設置在主翼的內部當中。

如此設計的原因就是當客機在高空中即使改變姿態，燃料也不會在飛機主翼內部四處移動，導致重量的重心受到改變。每當飛行駕駛讓飛機的機體朝著左右方向轉彎時，就會有超過100噸重的燃料隨意流動，導致飛機失去重心而無法順利飛行。

當飛機朝向目的地持續前進，油料也會隨之逐漸消耗，機體的重心位置當然也會有所變化。但是，原本將重心設計於主翼附近的客機卻幾乎不會受到任何影響。那是因為主油箱被設置於主翼，而非機身或是機體的前、後方，如此即可使重心隨時保持在一定的平衡──客機在設計時就已經事先精密計算出這種效果了。

07 客機也會遇到雷擊嗎？

　　如果讀者們對於航空公司的各種相關報導多所留意，一定常常看到令人膽顫心驚的事件。其中之一就是「客機遭受雷擊」的新聞。我記得那是在2005年的黃金週，日本航空集團（JAL）曾發生兩架客機在日本九州上空陸續遭遇雷擊的情況。當時令人鬆口氣的是機組人員與乘客都沒有受傷，事態並不算嚴重。

　　讀者們大概會很驚訝地問道，「什麼？客機也會遇到雷擊？」這個問題的答案當然是肯定的。不過，情況雖然是這樣，但大家其實還是不用太過擔心。

兩架日本航空集團的飛機在九州上空遭遇雷擊

　　接下來，我們將繼續深入探討日本航空飛機遇到雷擊事件的相關內容。

　　這兩次事件當中一個情況是在黃金週高潮的5月1日上午8點40分左右，距離宮崎機場北方90公里、高度約5000公尺上空處，從福岡起飛、前往宮崎的日本航空JAL3623（MD81）號航班，其飛機右翼前端遭遇到雷擊。事件發生後，該架飛機仍繼續飛行，並於預定時間抵達宮崎機場。機上32位機組人員與乘客都沒有受傷，飛機在抵達後的機體檢查中，被發現該架飛機的機翼表面上有道強化塑膠剝離的線狀裂痕，並且長達25公分左右。

　　同一天的兩個半小時後，大概是當日上午11點左右，在鹿兒

島縣國分市東方約27公里、高度約5000公尺的上空,剛從鹿兒島機場起飛三分鐘,預定前往羽田機場的日本航空JAL1864號航班(波音777型客機)也於右側輪胎門附近發生雷擊的情況。這架航班上的124位機組人員及乘客同樣沒有受到任何傷害,而飛機在到達羽田機場檢查後,也沒有發現機體上出現任何損傷。

　　事實上,像這樣的「雷擊事件」並不是什麼罕見的情況。「雖然這種事情並非普遍到一年到頭都能見到,但是飛機在飛行中遇到雷擊的確是常常發生的情況。」以前曾接受過我採訪的美國某家航空公司機長表示說,「最重要的還是在飛機抵達目的地後,務必跟維修人員報告,好讓飛機接受仔細的檢查。如果能夠確實執行這些步驟,飛機即使被雷擊中也不會有什麼大問題的。」

✈ 抵達後的機體檢查

因為維修人員的仔細檢查,所以雷擊不會造成任何問題。

打雷時，也會朝上擊發

　　這位機長以「被雷擊中」這樣的語詞來描述事件的經過，因為在日本航空業界裡，大家並不太使用「落雷」這個詞彙。因為當天空打雷閃電時，方向並非永遠都是由上而下的。

　　機長繼續說道：「我們在平地時所看到的雷電閃光都是由上而下動作，但是若有目標物的話，雷電其實也是會從旁邊由下往上攻擊的。」

　　那這麼說來，客機在飛行中遭遇雷擊時，乘客們真的沒有危險嗎？如果直接從結論來看，遇到雷擊的確是沒有大礙。一般說來，人體遇到雷擊受傷是因為被雷打到後電流會通過身體，並在當時造成嚴重的燒燙傷，或是電擊引發心臟停止跳動而死亡等情況。

✈ 客機的放電裝置

大型飛機會在主翼與尾翼等處，裝上約50支被稱為「靜電放射器（static discharger）」的放電裝置。

　　但是機內的乘客們因為受到金屬製成的機體本身的保護，所以還算安全。我們常聽說，天空打雷時待在車子裡頭就可以了。這是因為電流會透過車子的金屬車身而竄往地面的緣故，而客機的情況當然也是如此。

在遭遇雷擊時，「放電裝置」能夠保護客機機體

　　另外，當客機在飛行時，也會因為與大氣間的互相摩擦導致客機機體產生靜電。這種靜電可能會對通訊儀器及測量儀器等飛行設備造成影響，所以為了避免這種情況，客機就會在主翼與尾翼等數個部位裝設一種能將靜電放掉的裝置，也就是「靜電放射器」。靜電放射器長約10公分左右，是一根細細的棒狀物體。當飛機在飛行中遭遇雷擊時，靜電放射器就會發揮如同避雷針般的作用，保護客機的機體不會承受到巨大的傷害。目前的大型客機所裝設的此類放電裝置大約有50支左右。

　　不過，話雖如此，當飛機遭遇雷擊時，還是無法保證機體不會受到任何傷害。像是宮崎上空遇到雷擊的MD-81飛機，後來還是發現其機翼上確有損傷。另外，也時常有飛機遇到雷擊而造成一部分通訊儀器與測量設備的損害。連我所採訪的機長也說道，「在機首附近被雷擊中而朝往尾翼方向逸出時，不但會產生巨大聲響，甚至連機艙內都可見到亮光閃過。」

　　雖然遇到雷擊並沒有什麼危險，但最好還是不要遇到這種情況。所以除了仔細確認當天的天氣狀況後再擬定縝密的飛行計畫外，駕駛們也只能在飛行時盡可能避開雷雨雲（thundercloud）了。

08 客機如何煞車？

　　飛機在降落時，會一邊減緩速度，一邊慢慢地降低高度，並在伴隨著「咚咚」的巨大聲響當中觸碰到地面。接下來的瞬間就會聽到引擎推力反向器的轟鳴噪音響徹飛機內部，而飛機的機輪也啟動煞車裝置，使得飛機終於停止移動。

　　當飛機接觸到跑道而產生巨大震動時，還可以聽到機艙內傳來乘客們互相低聲說道，「這個飛行駕駛的技術不太好呢！」我所採訪的駕駛人員則是告訴我說，「如果天空開始下雨導致路面容易濕滑時，為了讓飛機機輪能夠確實抓住地面，我們會故意咚咚地用力著地降落。」

　　在這裡，我們就針對客機降落著地後到完全停止為止的煞車裝置構造仔細研究看看吧！

下壓力可使飛機確實著地

　　當客機以時速高達200至250公里的速度降落著地後，就必須在長度有限的跑道裡確實停住機體。所以，飛機會在此時啟動三種煞車裝置。

　　其中之一就是連接著主翼的擾流板。在飛機觸及跑道時，所有的擾流板都會強力立起。雖然擾流板是用來在高空中減低升力的裝置，但運用在地面上時，卻搖身一變成為了「空氣動力減速裝置（air brake，又稱空氣煞車）」。與其說飛機是利用此裝置

來加大空氣阻力,不如說完全消除升力才是其原本的目的。

　　「大家常會提到F1之類的競速賽車都會使用所謂的『下壓力（down force）』,而這種力量和飛機是完全相同的。」前述的飛行駕駛繼續深入地說明,「利用下壓力緊壓地面的力量若是不足時,飛機機輪的煞車效果就不好。所以飛機接觸地面那一剎那就會自動豎起機翼翼面的擾流板,將升力消除後即可讓機輪緊緊抓住地面了。」

　　藉由擾流板的下壓力使得機輪完全降落在跑道上後,接著動作的部分就是引擎的推力反向器。如此可讓降落中且時速高達200公里以上的飛機機體瞬間降低速度。

✈ 客機落地時所啟動的三組煞車

利用擾流板的下壓力可使機輪緊緊抓住跑道的地面,接著發動推力反向器而一口氣降下速度,之後再利用機輪煞車裝置而於限定的範圍內完全確實停下飛機。

利用推力反向器驟然降下速度

推力反向器（thrust reverser）也被稱為反推力裝置，而此裝置的運作原理是非常簡單的。

當飛機降落時，飛行駕駛會提高引擎的輸出動力，並且啟動推力反向器。如此一來就可以停止引擎的排氣動作，並啟動可將排氣朝往前方或旁邊噴出的板子和門，進而使得飛行中會朝後噴出的排氣方向反而轉為相反的方向而發揮煞車功能。

要使原先讓客機前進的噴射引擎反向推動，其力量也是相當驚人的（反向推力約為正常推力三成到五成左右）。不過，只以推力反向器的推力是無法讓飛機在兩千到三千公尺的跑道範圍內安全停下機體的。

「推力反向器所扮演的終究只是輔助的角色，最重要的制動還是在於飛機起落架（landing gear）所啟動的煞車動作。」

接受採訪的飛行駕駛這麼說道。

啓動機輪煞車裝置來停下飛機

在地面上時，客機都是藉由引擎的推力來移動，所以機輪本身是沒有任何動力的。不過，即使機輪沒有動力，但還是確實裝設了煞車裝置。

如同客機機輪的名稱——「起落架」所顯示的，其最重要的功能還是在於飛機的降落著地。

大型飛機的機輪輪轂（wheel）上都裝有數片呈現圓板狀的轉盤（rotor disc），而定盤（stator disk）則是固定於起落架上。這兩種盤是以油壓來密接產生摩擦，進而達到煞車制動的作用。此外，客機也早就引進汽車都有裝設的ABS系統（Antilock Brake

System），來避免過度用力踩踏煞車所引發的機輪打滑。

　　以上就是客機的三種煞車系統。藉由擾流板的力量讓機輪確實抓住跑道的地面，接著利用推力反向器的作用讓飛機瞬間降下速度，然後再以機輪煞車讓飛機於有限的範圍內確實停下機體。當我們在機場看到客機那種充滿動感的降落姿態，請記住那是此三種裝置同時發揮作用的結果。

✈ 機輪輪胎的煞車系統

在機輪的輪轂上裝有數片轉盤，定盤是固定在起落架之上。利用油壓讓這兩種盤互相密接來產生摩擦，就可以達到煞車制動的作用。

09 客機的引擎如何運轉？

　　裝設在主翼的噴射引擎是構成客機的零組件中最為重要的一環。如果沒有引擎的進化，根本就不會有客機大型化、高速化的實現。先讓引擎內部的風扇葉片（fan blade）高速旋轉，接著將吸入的空氣壓縮傳送至燃燒室，等爆發之後再以猛烈的態勢朝後方噴出，如此一來，飛機機體就可以藉由此反作用力而強力地向前推進了。

　　接下來，我們就針對現今大型客機所普遍使用的「渦輪風扇引擎（turbofan jet engine）」仔細說明其構造。

大型巴士也會被吹跑的驚人力量

　　波音747型客機上裝載有四座引擎，每座引擎重量各約25噸，而此四座引擎可合計向後方噴出100噸左右的煙氣（flue gas）。被稱為「雙發機」的波音777型客機雖然只使用了兩座引擎，但一座引擎就較波音747型客機來得更大，且其推力可達40噸以上。因為此種引擎具有如此巨大的力量，所以僅僅使用兩座引擎就能讓大型飛機以高速飛行。如果在煙氣噴出時，正好站在引擎後方，那怕是大型巴士也會輕易地被吹到老遠。

　　引擎的內部可分為壓縮機、燃燒室、渦輪等各個區域。其中，壓縮機與渦輪連接著大軸，且以此軸為中心連接著有如電風扇葉片的物體則是被稱為風扇葉片。風扇葉片的特徵在於其大小

會從前方（壓縮機）沿著後方（燃燒室）逐漸縮小。

　　如果讓風扇葉片高速旋轉，其周遭的空氣就會陸續被吸入引擎內部。因為葉片的尺寸大小是越到後方變得越小，所以吸進來的空氣也會因而被緊緊壓縮。當壓縮後變得高溫的空氣送至燃燒室後，就會在此處與噴出的燃料互相混合，再以火星塞點燃爆發燃燒。燃燒後的氣體就會以驚人之勢朝往後方排出。

渦輪風扇引擎的構成

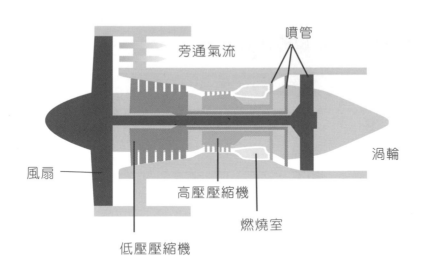

藉由引擎內部的風扇葉片高速旋轉，就能把吸入的空氣予以壓縮而送往燃燒室。接著將其爆發燃燒後即會以猛烈之勢朝往後方噴出，機體就可藉此反作用力而強力前進。

藉由「花瓣形」的噴管來抑制噪音

不曉得讀者最近是否已經注意到，包覆著全體引擎的蒙皮後端出現了有如起浪般的花瓣形物體。

這個東西被稱為「V形尾緣噴管（Chevron nozzle）」，是為了降低引擎的噪音所特別設計的。

在這裡，我們將對噴射引擎的噪音問題稍微說明一下。噴射引擎的噪音來源之一就是高溫高速的煙氣。

新問世的初期噴射引擎就是渦輪噴射引擎（turbo jet engine），因為它會將吸入的空氣燃燒完全，所以會產生極為驚人的巨大聲響。相較於以往的噴射引擎，現今的大型客機所廣泛

✈ 抑制噪音的「花瓣形」噴管

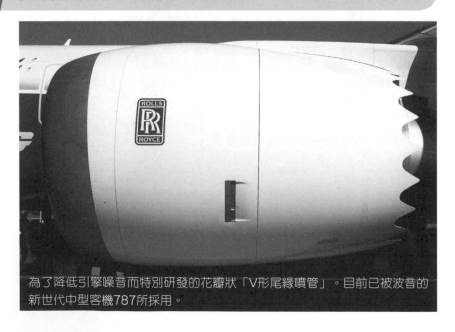

為了降低引擎噪音而特別研發的花瓣狀「V形尾緣噴管」。目前已被波音的新世代中型客機787所採用。

使用的渦輪風扇引擎卻是已大幅消除了噪音。

渦輪風扇引擎所燃燒的氣體，只是吸入的空氣中有通過中心區域的一小部分而已，其餘的空氣都透過風扇而加速從引擎外側排出。經過引擎外側的「旁通氣流（bapass air）」同時也具有包覆高溫高速煙氣的功用，如此一來即可發揮緩和噪音的效果。

以世界最安靜客機為目標的波音787型客機

不過，就算是這樣的設計，噴射引擎的噪音還是很大聲。尤其我們常會聽到坐到經濟艙主翼後方座位的乘客們抱怨說，「整個飛行航程中都一直被噪音吵到無法入睡！」

因此，為了減少更多噪音所開發出來的，就是這種被稱為「降噪裝置（hush kit）」的噪音對策裝置。

降噪裝置的種類極為繁多，而當中有一種就是我們在前文所介紹，外形已改為花瓣狀的「V形尾緣噴管」。藉由V形尾緣噴管的裝設，即可讓高溫高速的煙氣和旁通氣流、周遭空氣充分混和，進而達到減緩惱人噪音至一定程度的良好效果。現在，即使是無法達到噪音規定的舊有渦輪風扇引擎也開始陸續加裝此種裝置。

就像是以世界最安靜客機為開發目標的波音新世代中型客機787，也是這些飛機的其中之一。波音787型客機的引擎也同樣採用了這種「花瓣」狀的裝置。

10 飛機的輪胎有什麼不一樣？

　　在我參訪機場的維修棚廠（Maintenance Hanger）時，曾經以極近的距離觀看客機的輪胎，當時就對輪胎的超大尺寸大感折服、驚嘆連連。F1賽車之類交通工具的輪胎其實已經不算小了，但它們卻完全無法與客機的輪胎互相比擬，因為客機的輪胎直徑居然有1.2公尺左右。而且，只要再抬頭仰望這些輪胎所支撐的客機體型，我們一定會更感驚奇萬分！因為在這個龐然大物咚咚地降落在跑道上時，這些輪胎居然不會爆開炸裂！

　　現在，我們不妨來詳細了解看看，客機的輪胎到底是在哪些惡劣的環境中工作的？

以 12 條輪胎支撐 300 噸

　　一架客機到底有多重呢？

　　雖然國際線與國內線的使用情況並不相同，但是以波音777型客機為例，其飛行國際線時的總重量大約為300噸。波音777型客機的輪胎為主起落架上兩邊各有六條，合計共有12條，所以可計算出每條輪胎的平均承擔重量為25噸左右。

　　以25噸來說，大約是一台大型拖車以上的重量。從這點就可以了解到飛機的每條輪胎所承載的重量是相當巨大的。

　　一般人很容易認為輪胎最大的負擔是出現在飛機從高空降落至跑道的那段時間，但事實上，客機的重量卻是在起飛且滿載

燃料之際才是最重的,尤其是國際飛航路線,有時甚至必須搭載100噸以上的油料。加上飛機起飛時的速度遠快於降落時的速度,所以輪胎在這個情況下的負擔當然就更大了。

　　飛機在起飛時,速度會到達時速約300至350公里左右的「V1速度(起飛決斷速度,超過此速度飛機就無法中斷起飛的動作)」。在到達這個速度之前,飛機若有一點點意外情況而需中止起飛動作時,就會立起翼面的擾流板來加強下壓力,接著再以最大制動力(maximumbrake pressure)停下飛機。當然,一旦施以下壓力,輪胎所承載的負擔當然也就會更大了。

波音 777 型客機的主起落架

〔照片提供＝橫濱橡膠〕

波音777型客機的輪胎為主起落架上兩邊各有六條,所以合計共有12條。其飛行國際線時的總重量大約為300噸,所以可計算出每條輪胎的平均承擔重量為25噸左右。

機長每天親自揮汗進行的檢查作業

　　除了需要支撐300噸的重量外，還必須在嚴酷的環境條件下發揮作用也是客機輪胎的特徵。飛機在高空的時候氣溫大概會下降到攝氏零下50至60度左右，抵達地面的時候又會因煞車熱氣而讓輪胎的溫度高達150度左右。輪胎承受著零下50度的低溫後，又在滑行至跑道時將溫度瞬間提升到如此驚人的熱度，除了賽車之外，其它領域應該都是無法想像的。客機輪胎所需要的性能更是絕非一般產品可以比擬。

　　此外，客機的輪胎在平時就需要非常嚴格精密的檢查。

　　雖然飛機在出發前就會有專門負責的維修人員嚴謹地執行輪胎的檢查程序，但是一般維修人員外，機長其實也同樣會在出發前親自進行每一條輪胎的檢查作業，像是輪胎有無異物刺中物

在嚴酷條件下發揮功用的客機輪胎

因高空中氣溫大約會下降到攝氏零下50至60度，抵達地面時候會因煞車熱氣而使輪胎溫度遽然升至150度左右。在此種嚴酷環境條件下所使用的客機輪胎，所追求的更是極為優異的性能標準。

體、或是輪胎上有無任何傷痕等等。

因為採訪而認識的波音777型客機機長曾說過，「雖然大家都說很麻煩！但是這麼多旅客把重要的生命交在自己手中，在想著快點起飛，或是能否按照時間起飛前，我心裡只以能夠讓飛行任務安全起飛、平安抵達為第一優先！」

每條輪胎可承受 1500 次的飛行航程

那麼，客機所裝設的輪胎又能夠持續使用多久呢？

「如果以飛行次數計算，大概是250次左右吧！」這位機長如此回答道。「一旦到達250次，就會再次更新胎面，而所謂更新胎面就是將磨損的輪胎胎面重新換過。更新胎面的作業通常會重複五、六次，所以可計算出每一條輪胎大約能夠承受1500次左右的飛行航程。」

近來，也已經開發出不同於一般形式的客機專用輻射輪胎（radial tire），而且也開始提供給波音777型客機使用。據聞，這種輻射輪胎在相同的起飛降落次數下，更新胎面的作業次數卻只需要以往的一半。在航空領域的革新當中，連輪胎這部分也持續不斷地進行著。

在平常的飛行旅程裡，大家都只會注意待會就會起飛的客機而已，根本完全不會想到輪胎的事情。連我也曾經都是如此，但自從我知道客機輪胎是在如此嚴苛的條件下發揮功用後，每每到達機場看到飛機底下的輪胎時，我總忍不住在心中對著它們說道，「要加油喔！」

11 空中巴士A380有什麼優點？

　　如果搭乘客機飛往海外，有時偶爾會看到有些人縮著身體、一臉痛苦地擠在座位上，期盼著早點從如此窘迫的空間解放出來。尤其是對於體型魁梧的歐美人士來說，或許現在一般的經濟艙空間還是不夠寬敞舒適吧！

　　不過，針對這個情況，能提供給每個乘客的個人空間也已經逐漸朝往改善的方向！而這個改變的契機就是空中巴士的最新型超大客機——擁有「空中旅館」名稱的全雙層式A380，即將投入飛行的行列。

世界首見的全雙層式構造

　　A380的機體裡頭已經採用了各式各樣的嶄新設備，不過這當中最具特色的就是全雙層式的架構設計。這款客機的一樓與二樓的總地板面積，大概是「巨無霸機」波音747-400型客機的1.5倍以上。

　　當然，若只是加大面積必然會使重量變多而難以飛行。因此，為了讓飛機「輕量化」，A380機身的構架間隔改為300公釐，約為舊款設計的一半。同時也將桁條使用數量予以降低。另外，在二樓座位的地面橫樑（beam），也採用混合碳纖維的複合材料製造。藉由這些努力，即可在減輕重量的同時還能確實保有必要的強度。

　　雖然A380客機的總地板面積比巨無霸機大上1.5倍，但是它所設定的標準座位數相較於747-400的412席，A380卻只有525席的座位。在座位數方面，僅有巨無霸機的1.2倍。也就是說，A380客機已將座位以外的可用空間予以加大，甚至還可以根據飛航運輸航空公司的不同想法，而建造出與現有客機截然不同的機艙設計及座位配置方法。

　　在預定採用A380型客機進行飛航服役的航空公司當中，有不少家都已經選用了500個座位數的式樣。這種式樣能夠提供給每個乘客的空間可是相當寬敞的。2007年10月，全世界首架加入服務的新加坡航空A380型客機也只設計了471個座位，更是受到萬眾矚目，成為全世界的焦點。

世界首見的全雙層式構造

2007年10月，全世界首架正式加入服務的新加坡航空（Singapore Airlines）A380型客機。〔照片提供＝新加坡航空〕

空中巴士 A380 震撼了全世界的航空界

　　標準座位數525席的空中巴士A380客機，只以500席以下的座位數投入飛航服役，這樣的情況又會展現出什麼樣的新氣象呢？

　　原本就很豪華舒適的頭等艙與商務艙當然也會更加進化，甚至連目前讓乘客覺得緊迫不適的經濟艙應該也會產生戲劇化的改變。如果以後能夠提供給乘客與現有商務艙毫不遜色的經濟艙，其它的航空公司若不跟著以各種飛航機械材料來改善空間，自然就無法與其他對手互相競爭了。我之所以會說A380的飛航服役正是改變全世界航空業界的開創性壯舉，就是這個原因。

空中巴士 A380 讓人輕鬆自在的機艙配置

提供寬廣空間的高級艙等專用休息室、在飛機內也能完成工作的商務中心，甚至還設計了可作為賭博空間的驚人設備。照片為空中巴士公司所發表的實物大小機艙展示設計。〔照片提供＝空中巴士公司〕

2007年10月，我得到了搭乘採訪飛行往來於新加坡與澳洲雪梨之間。進行首次服務的新加坡航空A380型客機的機會。在這次的採訪當中，最令我印象深刻的就是經濟艙空間極為舒適的飛機機艙了。

夢想遠大的未來機艙

新加坡航空首次飛航服役的A380型客機，其經濟艙座位與波音巨無霸機（747-400）同樣都採「3-4-3」的配置，所以乍看之下是無法感覺其寬適的程度。不過，A380的一樓座位寬度比起747-400型客機多了50公分左右，並特地設計為通道和座位寬度都較為舒適的樣式。A380的通道可以讓空服員們在推著餐車服務大家時，可無須顧慮旁邊狀況順利地來回通行。

新加坡航空更利用A380初次飛航的機會而新設了超越既有頭等艙的完全套房——「suite class」。相關訊息在《空中巴士A380完全解說》一書中亦有詳細報導，有興趣的讀者務必一讀。

而且阿酋航空（Emirates Airline）繼新航之後，也在2008年8月開設了以A380型客機飛行杜拜至紐約的新航線。阿酋航空甚至在A380型客機的機艙裡設立了可在飛行旅程中煥然一新的沐浴設備，這一點更是讓所有愛好者們大感驚奇。

在2008年8月的現在，已經共有17家的航空公司下訂生產A380型客機，而且根據航空公司的不同，據說甚至還出現了機內即可完成工作的商務中心、圖書館，或是特地隔出的博弈空間等各種不同的規劃，各種夢想也逐漸更加寬廣遠大。

12 什麼是波音787的革新素材？

　　波音公司相隔13年後新問世的最新型客機就是787。這是一款大約可搭乘200至300人的中型客機。或許，從外表看起來似乎感受不到波音787有何獨特之處，但其實它的機體卻濃縮了各式各樣的尖端科技。

　　其中，最受到大家矚目的就是其機身與主翼上所使用的新穎素材。波音787型客機的總重量中，有一半都是用碳纖維為基礎的複合材料所製造而成的，同時也取代了現有客機打造時所使用的鋁合金。

大幅度的輕量化可節省 20％的燃料費用

　　波音787型客機所使用的就是被稱為「碳纖維複合材料」的新開發材質。碳纖維的特色就在於「質輕強韌」，像是高爾夫球球桿的桿子、釣竿等工具也都會使用碳纖維這種材質。

　　碳纖維是將常編織成毛衣或毛巾之類的壓克力纖維置於攝氏1000度左右高溫的特殊環境下燒製而成。所謂的碳纖維複合材料，就是將直徑約5毫米的碳纖維編紮成束，然後再和尼龍樹脂融合後予以燒製固化。碳纖維的複合材料擁有鐵的9倍強度。到目前為止的所有客機都是使用鋁合金來打造，但波音787型客機的機身與主翼卻改採碳纖維複合材料打造，不但徹底實現了大幅度的輕量化，同時也節省了20％耗油量。

西元2007年7月，美國西海岸的西雅圖當地舉行了一場波音787型客機的一號機完成典禮。在那個時候，波音公司已經收到來自全世界47家航空公司、一共677架的787型客機訂單。

「市場對於波音787型客機的反應實在是太驚人了！」波音公司的相關人士毫不掩飾其驚訝的神情。「在一號機出現以前，工廠居然會收到如此大量的訂單，這個情形可真是前所未見啊！」

波音787型客機之所以會受到如此重視的背後原因，就是因為目前的航空業界正面臨著極為嚴酷的環境。

2007 年 7 月所初次展示的一號機

在美國西海岸的西雅圖所舉行的一號機完成典禮上所展示的次世代中型客機——波音787。這架客機的出現吸引了全世界的目光。

以鐵鎚敲擊也不會損壞

西元2001年9月11日，在同一時間同時發動的多起美國恐怖事件，一瞬間襲擊了整個世界。「911事件」發生之後的航空業界，因為旅客流失與油價升騰的雙重影響，陷入了極為嚴酷的情況當中。對於所有的航空公司來說，能降低可觀燃料費用且效率極佳的波音787中型客機，簡直就像救世主一樣。

「原本，在航空公司的技術人員當中，對於要引進使用新式素材的波音787型客機，還是有著不少更為慎重的意見與想法。事實上，連我自己也曾經找了材料樣本來看看，發現這種新素材的確非常輕薄。心裡更是不安地想著，用這種有如神話般的素材來製造飛機，機體的強度真的沒有問題嗎？」已經引入波音787型客機的某航空公司維修工程師之前也曾這麼說道。

✈ 新素材的強韌度可達鐵的九倍

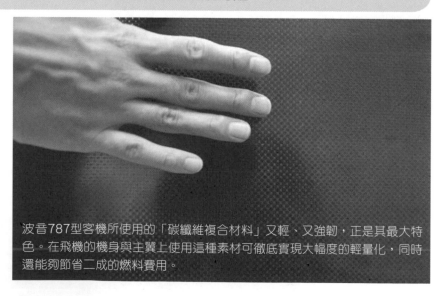

波音787型客機所使用的「碳纖維複合材料」又輕、又強韌，正是其最大特色。在飛機的機身與主翼上使用這種素材可徹底實現大幅度的輕量化，同時還能夠節省二成的燃料費用。

「我們其實也一樣感到非常不安，而且特別擔心新素材如果出現裂痕，又該如何維修等這類問題。於是，我們決定拿來材料樣本，拿起鐵鎚試著重重敲擊，然後再逐一仔細檢查。大家集思廣益來看看這麼做會在哪些部分產生裂痕，又該如此修理等等。但是，不管我們怎麼用力敲，甚至敲到自己的手都變痛了，材料樣本還是完全沒有損壞。我們此時便了解到『強度的確沒有問題，我們不用擔心了。』而這就是當時我們理解接受的經過。」

不會造成皮膚負擔的機體

如果使用碳纖維複合材料這種素材，除了有質輕又強韌的優點，同時還能打造出一架「對人體友善」的客機機體。

客機最忌諱的就是碰到水分。若在眼睛看不到的地方聚集水滴或是凝結水珠，以往的金屬製客機就會因此而使得機體生鏽或是受到腐蝕。所以，這類客機就必須讓機內的空氣通過去除水分的裝置後再予以傳送至機內，導致機艙內部時常呈現著乾燥不堪的焦渴狀態。加上無法輸送水分進行加濕，所以應該有許多人在疲倦的時候搭乘飛機卻導致了喉嚨嚴重乾痛吧！

在這個部分，如果是由耐腐蝕性能力極佳的碳纖維複合材料所製成的機體，就能夠隨意自在地控制機艙的室內溫度。那些已決定引入波音787型客機的日系航空公司的空服員們，也對這種新式的飛機材質寄以莫大的期待。

「因為機艙內部需要隨時保持乾燥，所以對於我們空服員來說是一種非常辛苦的環境。不但容易使得妝容乾裂，也需要花費許多精神來照顧肌膚。聽說787型客機是一種可大幅提升機內環境的機體。相信在此架飛機正式飛航後，一定會有許多空服員熱切表達想要在前往787型客機服務的想法。」

自從萊特兄弟初次成功飛行以來，航空器的開發歷史就是一段等同於挑戰速度的歷史。經過了往復式引擎（reciprocating engine）、渦輪式螺旋槳引擎（turboprop），噴射引擎（jet）等階段的轉變，在在顯現出推進裝置所經過的進化歷程，最後則是完成了以超音速飛行的SST（Supersonic Transport，超音速客機）型飛機。這架被稱為「馬赫的怪鳥」的協和式超音速客機，是從1976年1月開始定期載送100人乘客的飛行航程。

從那時候開始，協和客機就以全世界唯一的超音速客機的身分持續飛行了二十七個年頭，不過，它雄偉的英姿現在卻再也無法得見。每每思及充滿魅力的協和客機吸引了那麼多愛好者，卻在眾人萬分不捨當中引退除役，就會覺得協和客機應該也差不多開發出改良型機種了吧。但是到目前為止，卻始終未能見到新型的超音速客機問世，其實這問題的背後是有幾個原因的。

超越音速後，空氣阻力就會急速增高

協和客機迎向終點的時間是在西元2003年10月。

事情的轉折點就是發生在2000年7月的法國航空（France Air）飛航事故。剛從巴黎戴高樂國際機場起飛的協和客機，在離開地面後就立刻墜落起火。之後經過了十六個月的事故調查與修正，雖然再次重新展開飛行航班，但是在航空業不景氣與環境問

題的背景因素下，協和客機的存在不得不劃下句點。2003年10月24日，英國的英國航空（British Airways）結束了最後一次的營業飛行，協和客機就在後繼機種尚未出現的情況下銷聲匿跡。

在協和客機登場之後才出現的客機，全都是音速（1馬赫）以下的飛機，且盡量設計成以0.85馬赫左右的速度來飛行。

新款超音速飛機之所以無法開發出來，原因之一就在於音速飛行的油耗效率實在驚人——也就是經濟性方面的問題。

當客機以驚人的飛快速度飛行後，被往前行進的機體所推擠的空氣密度也會增加，而且在速度接近音速時，密度極高的空氣就會有如牆壁一般地阻擋在機體前方。空氣的阻力當然就會隨之急速變大。如果想要打破這種阻力，就會需要相當大的能量，所以接近音速開始到超越音速的速度領域裡，必然會耗費極為驚人的燃料。

✈ 世界唯一的超音速客機

被稱為「馬赫的怪鳥」的協和客機，從1976年1月開始定期載送100個乘客的飛行航程。
〔照片提供＝法國航空〕

噪音造成的環境破壞也益發嚴重

藉由精心設計的機體形狀、配備強而有力的引擎，協和客機實際上已證明如此的確可打破驚人的空氣阻力。但即使能夠以超音速飛行，協和客機仍然稱不上是成功的客機。

協和客機不僅僅在燃料費用方面表現不佳，據說維修費用與機體的維持費用和其他機種相比，更是高達將近五倍之多。花費如此巨大，但每次飛行所搭載的乘客人數最多也只有100位。而且它的最大航程距離也只能勉強橫越大西洋。從營運的觀點看來，想獲得利潤收益根本是難上加難，所以不論是法國航空或是英國航空，兩家公司都是在體認到赤字無法逃避的情況下忍痛進行飛行航班的。

除了經濟性方面的問題之外，為了讓引擎發出能夠以超音速持續飛行的能量，所產生的噪音問題更是嚴重。許多初次見到協和客機飛行的人們，莫不為其巨大的轟鳴聲大感吃驚。

音爆導致窗戶玻璃破裂

伴隨著噪音問題之外，音爆（sonic boom）現象也成為嚴重的環境問題。所謂的音爆，就是飛機以超越音速的速度飛行時，會產生有如牆壁一般的壓力。就像是把石頭丟到水面後出現波紋那樣地擴散到空氣裡，不久後就會到達地面。這種巨大的衝擊連住家窗框都會輕鬆裂開，故而出現有些國家甚至禁止飛機在該國領空上以超音速飛行。

協和客機的後繼機種之所以未能誕生，以上這種種問題都是其背後的原因。不過，超音速客機的歷史並不會就此告終。2005年，日法兩國的航空工業界通過決議，要針對繼承協和客機的新

款SST開發進行共同研究。

在日本方面，是由宇宙航空研究開發機構（JAXA，Japan Aerospace Exploration Agency，簡稱JAXA）與工業製造公司參與計畫，目前已經開始開發具備速度、經濟性、環境性等條件的新世代機種。如果真的能夠實現這個計畫，東京到紐約之間的飛行時間據說就可以縮短一半至只需六個小時左右。

當然，計畫還是有許多必須逐一解決的課題，像是能否開發出可忍受超音速的複合材料，或是防止音爆問題的技術研究等等。這個夢想何時會以何種形式實現？或是夢想終究只能以美夢一場結束呢？

身為一個協和客機愛好者的我，心裡也持續盼望著，所有共同擁有超音速飛行的夢想與浪漫懷想的新世代人們都能參與開發，並且催生出適合21世紀社會的新世代超音速客機。

✈ SST 的改良型客機何時登場？

2003年10月，英國航空結束了最後一次的營業飛行，協和客機就在後繼機種尚未出現的情況下銷聲匿跡。不過，協和客機的愛好者們心裡也持續期待著適合21世紀的新型SST能夠問世。

解決時差問題的好方法

　　前往海外的時候，常常看到有人嘴裡唸唸有詞地說，「日本現在才凌晨四點啊！」或是「早就到了大家睡覺的時間了」等等，就是非得一邊看著時鐘，一邊換算成日本時間不可。也只有這些人才會有無法消除的時差問題。至於我自己，通常在通過搭機門的那一瞬間，就一定會將手錶的時間改為當地時間，並將日本的事情盡量忘掉。

　　不過，不知道大家是否知道連結了關西、名古屋與杜拜的阿酋航空有個極為嶄新的嘗試？那就是只要在出發地的機場一踏入飛機內部，就可以看到特別訂製的照明設備讓天花板浮現滿天星空。當距離目的地越來越近時，天花板的明亮度也會隨之增加，不久後就會變成有如朝陽般的照明，並且可以在機內開始聽到鳥鳴的叫聲。這些都是藉由讓乘客的生理時鐘配合目的地的時間，來使時差問題降到最低程度。阿酋航空的發想真是非常大膽又獨樹一格啊！

天花板上浮現著人工夜空的阿酋航空的飛機內部。
〔照片提供＝阿酋航空公司〕

第 二 章
飛行的常識

即使飛行在高空中，客機上還是充滿了許多不可思議的事情，像是選擇特意繞遠路才會到達目的地的行程、或是前往歐洲需要50個小時的時代等等都是。大家對於起飛與降落的難度差別一定也很感興趣！在本章，我們收錄了許多有關這類飛行方面的問題，就讓我們更加仔細地研究下去吧！

14 客機的飛行速度有多快？

「我明明在書上看過巨無霸機的時速可以到達1000公里以上啊，怎麼好像都沒辦法飛那麼快啊！」

鄰座的乘客看著機內螢幕上所顯示的速度，一邊嘴裡喃喃自語地唸著。這是發生在我搭乘波音777型客機飛往歐洲時的事情。這個乘客心裡一定想著，速度再加快一點飛行的話該有多好吧！若能提升速度，就能夠盡早到達目的地，而且對於航空公司來說，縮短飛行時間也可以讓每日飛行航班增加。大家聽到這裡一定都會想，「那就加快速度就好啦！」不過，客機無法以最高時速飛行其實是有原因的。

以電腦計算出「經濟速度」

那麼，實際上在飛行時，客機究竟是以哪種速度飛行的呢？

這個答案會因為飛行航線、距離、氣流等條件的不同而有所差異，但是讀者們還是可以設定大部分情況都是控制在時速850至900公里左右的速度。新式的機種都已經引進「FMS（flight management system，飛航管理系統）」這種電腦系統，並且從當日的氣象條件與承載重量等條件計算出最適合的速度，也就是所謂的「經濟速度」。同時，飛機的推力桿（thrust lever）等工具也設計成藉由經濟速度來控制的構造。

如果忽視這個經濟速度，而決定提升速度的話又會如何呢？

我曾經這麼問過某個機師，他回答我說，「那應該會是一次對旅客非常不舒服的飛行吧！」

原因就在於當飛行的速度拉高後，飛機本身的搖晃會更加激烈，不論是震動或是噪音都會原原本本地傳送到機艙的座位上。旅客乘坐的感覺不但變得不舒服，甚至對於安全方面也會有重大影響。因為這會對機體與引擎造成極大的負擔，進而縮短機材零件的壽命。而且必要之外的燃料花費，也會增加飛航經費的增加，對於航空公司的經營也是另一種打擊。

總而言之，客機可不能只求快速飛行就行呀！

✈ 巡航飛行中的波音 747 客機

巨無霸機（波音747型客機）的時速可以到達1000公里以上，但因為考慮到安全性與效率面，所以一般都是控制在850至900公里左右的速度來進行巡航飛行。〔照片提供＝英國航空〕

時速 900 公里是怎麼樣的世界？

不過，對於時速900公里（0.82馬赫）這樣的「經濟速度」，我們一定不會覺得是很慢的速度。所以這裡我們將對時速900公里會呈現出何種世界來深入探討一番。

這個世界的天空年年都變得越來越擁擠，而每一天也都必然會有時速900公里的飛機同伴們在高空雲端中的某處互相擦身而過。那麼，在駕駛艙當中所見到的前方緊迫而來的機體，又是什麼樣子呢？

擔任航空公司飛行駕駛的石崎秀夫先生，在以自身飛行相關經驗寫成的散文集《機長的提袋》一書中，寫到下面這一段話：

「當好像是對向來機的東西進入眼簾之後，幾秒鐘內看起來都只是小小顆粒，但在專注地凝視後，僅僅幾秒鐘就立刻膨脹變大。當心中還想著怎麼是飛機時，下一瞬間就立刻變為龐然巨物，只需數秒就有如特寫鏡頭般地放大在眼前。」

作者甚至以「可怕」的詞彙來描述當時內心的感覺。

發現對向來機後只需 10 秒就會擦身而過

之前我採訪過的另外一位飛行駕駛也曾經表示，從前方迎面而來的機體一開始看起來就只是一個小點，但到了前方5公里左右的近距離之後，才能夠確認那的確是一架對向來機。因為這些飛機的飛行時速都是900公里，所以它們的相對速度高達1800公里。以秒速計算的話，可以發現它們是以一秒鐘500公尺的速度迎面而來。也就是說5公里前才能發現對向來機，而且從看見飛機到擦身而過僅僅需10秒而已。大家聽了以後一定都會同意「這種感覺真是可怕啊」。

我們姑且轉個話題，先來談談前幾年我在機場參觀過的清理作業。當時，有數位作業人員被分配清洗一架剛完成五到七天飛行任務的飛機機體。當作業好不容易結束後，大家卻看到有個人不知為了什麼原因，爬上飛機後就一直站在機艙窗戶外頭，並沒有要走下來的樣子。仔細一看，卻發現他不斷拚命地擦拭著窗戶。

大家在下面叫他時，他卻以很傷腦筋的神情轉頭回答道。

「窗戶上有個黑色斑點，怎麼弄都弄不掉啊……」

當時我只覺得，哎呀！不過是一、兩個小斑點罷了。可是如果沒有將窗戶擦拭乾淨的話，卻有可能造成飛機在高空飛行時，無法從駕駛艙裡頭判斷那到底是機影或是污漬的危險性。在充分了解時速900公里的世界之後，我終於可以知道當時那位作業人員為何要拚命清理、不肯放棄了。

✈ 從駕駛艙所看到的風景

從五公里前發現對向來機，再到兩機擦身而過僅僅是一瞬間。所以飛行駕駛們時常都是在高度緊張中握著操縱桿的。

15 為何客機要繞遠路到目的地？

　　在成田機場飛往丹麥哥本哈根的SAS（Scandinavian Airline，斯堪地那維亞航空）班機當中，一位飛航駕駛拿了當天的飛航路線計畫給我看。

　　「咦？今天的飛行航線比較靠近北邊啊！」

　　聽我這麼說，他露出肯定的表情點了點頭。

　　平常放在座位椅背置物袋（seat pocket）中的機內雜誌裡，都會刊載著航班的飛行航線地圖。相較於雜誌地圖上所顯示的平日航線，當天的飛行卻選擇了大幅（約數百公里遠）偏往北邊的飛行航線。

每一次的飛行都會有不同的飛行航線

　　機上雜誌的地圖所顯示的各航班之飛行航線，都是連結著兩個地點的最短距離。也就是在地球儀上畫出筆直線段的樣子。不過，實際上飛機在飛行時，即使以地圖上的最短飛行航線來進行飛行任務，也不見得可以在最短的時間內到達目的地。每一天的飛行航程裡，都會仔細考慮氣象預報等條件之後，再選擇可在最短時間內效率良好飛行的飛行航線，而這就是所謂的「節時航線（MMT，Minimum Time Track）」。

　　不論是哪條飛行航線，在地圖上都只是顯示著一條線，但實際飛行時，多半是將路程設定成數條各為200到300公里路線，然

後再互相連結成一條航線。像是從日本出發經過美國西北部海岸
到達美國本土的航程，雖然可以享受從上空眺望拉斯維加斯遼闊
霓虹夜景的樂趣，但卻有不少日子是在飛行當天完全遠離此航線
的狀況。

　　舉例來說，大家如果要從自己家裡前往最近的車站，一定
都會走小路之類的最短路程吧！但是，偶爾出現某處有道路施工
而無法通行，就只好在半途繞返改選其他道路吧！發生這種情況
時，心裡應該都會想說，「哎呀，要是事前知道的話，出發時就
可以選其他的路，就算是繞點路也沒關係啊！」

　　而客機所選擇的飛行航線也是和這個情況同樣的道理。

✈ SAS 的空中巴士 A340-300 型客機

斯堪地那維亞航空公司的飛機在每天維繫著丹麥哥本哈根與日本成田之間的距
離。該公司在日本線所投入的是空中巴士A340-300型客機，並依據每趟飛行
來選擇最佳飛航路線而持續提供服務航班。

繞行 300 公里卻提早 17 分鐘到達

這裡我們就舉日本成田至夏威夷檀香山路線當作例子。

成田至檀香山之間的距離約為6200公里。如果以平時的850公里時速飛行的話，大約需要7個小時又17分鐘左右。

即使選擇的路線比最短航線還多繞了300公里，但該處若有順風的噴射氣流（jet stream，JTST。在偏向西風區域裡的強烈氣流），可讓飛機順著平均時速80公里的風勢飛行，那麼哪一條路線會比較早到達呢？

飛機起飛前仔細檢查航線計劃圖的副機師

如果利用冬季期間颳起的噴射氣流順勢飛行，從夏威夷與東南亞方面飛往日本的航程常常就能以超過1100公里的速度飛行。在飛機起飛前，飛航組員們都會仔細地檢查航線計劃圖。

就算多繞300公里，總飛行距離共計6500公里，但是加上時速80公里的風勢後，飛行的平均時速即可提高到90公里，所需要的飛行時間就少於7個小時了。也就是說，我們可以計算出該路線縮短了17分鐘。

僅僅17分鐘的節約，卻會帶來極大的差別。因為這短短17分鐘所使用的燃料可能就好幾噸了。而且若能盡量降低搭載的燃料，飛機的機體也會變得更輕，當然也會進一步地節省飛行使用的燃料。一旦每天都能持續這樣的高效率飛行航線，對航空公司來說的確能夠大幅削減經費成本。

追趕噴射氣流

就像我常聽到有人問道：「出國旅行時為何去程與歸程的時間不一樣？」我想這個問題的答案大家現在都知道了吧！因為噴射氣流的影響多在冬天期間的緣故，所以那些從夏威夷及東南亞飛往日本的飛行航班，常常可以順著噴射氣流而使飛行平均時速提升到1100公里以上。

選擇這種高效率的飛行航線除了可讓大幅削減油耗的目標實現，同時更能減輕飛行駕駛們的負擔。某位服務於日本亞細亞航空公司（Japan Asia Airways）台灣線的飛行駕駛向我說過：

「一般說來，從台北飛到東京通常需要四個小時的飛行時間。不過，一到了冬季期間，卻常常只需要三個多小時就能到達。對於我們駕駛人員來說，是絕對沒有辦法忽視這三十分鐘或是一小時的差別的，因為駕駛的疲倦感可是截然不同！利用噴射氣流順勢飛行的航程，的確是比較舒服的！」

16 哪裡是客機的禁入區域？

　　從羽田機場起飛後不久，坐在窗邊的年輕情侶中的女性，從包包中拿出了相機朝著窗戶開始調整鏡頭，接著喀擦地按下了快門，這一幕是發生在一架從東京飛往廣島的飛機當中。

　　「哇！好漂亮喔！真是太漂亮了！」

　　那個女孩一邊說著，一邊又拍了三、四張照片。

　　接著，她轉頭用不滿的語調對著身旁的男性低聲說道：

　　「機長真的很不用心耶，應該讓飛機飛得更近一點才對啊，看起來這麼小要怎麼拍啊！」

　　在她說這段話的同時，飛機前方出現了美麗的富士山峨然聳立著。

晴朗無雲的富士山充滿了危險

　　如果客機能夠緊挨著富士山頂飛過，應該就能拍到出現在我們眼睛下方的富士山大大裂著噴火口的景象！對於這位女性的想法與感受，我們的確都可以理解。但是，機長絕不是因為不夠機靈貼心，才不願意靠近富士山。因為富士山可不是能夠輕易靠近的區域，特別是在這種晴朗無雲的日子裡。

　　「切勿靠近晴天時的富士山！」在航空公司的駕駛們當中，一直有著這麼一句話。因為在西元1966年3月，曾經發生過一架英國BOAC（英國海外航空，英國航空的前身）的波音707型客機

在空中分解並墜落到富士山麓上的事件。而事故的原因正是「亂流（turbulence）」。

對飛機而言絕對是頭號大敵的亂流，其實是以複雜的形式存在於大氣當中。

其中之一就是山岳波引發的亂流。當強烈氣流從旁邊撞上山脈或是孤立的山峰時，下風邊就會產生被稱為「山岳波」的亂流。當大氣呈現潮濕狀態時，則會出現捲軸雲（roll cloud；或稱弧狀雲）與波狀雲（undulatus），飛機駕駛們就可以從雲的樣子而察覺亂流存在的可能性。但當大氣非常乾燥時，就要特別注意了。因為此時是無法以肉眼確認亂流是否存在。特別是產生在富士山附近的亂流，其危險程度早就是飛行駕駛們之間的永久話題，所以日本的客機是絕對不會飛越富士山上空的。

✈ 美麗的富士山，如果可以飛得再近一點該多好⋯⋯

不過，即使富士山有著絕美風景，也不可以太過靠近，特別是在晴朗無雲的日子裡。因為那裡隱藏有亂流存在的高度危險。

也必須注意的盛夏風情之詩——積亂雲

發生事故的BOAC波音707型客機，在之後的調查裡被推測是「機長可能獨斷強制改選『富士山觀光航線』，才會發生空難！」不過針對這一點，始終無法達成最後的結論。

除此之外，還有其他區域也有著會發生亂流的地點。

其中最具代表性的就是常可在夏季見到的「積亂雲」，也就是日本所謂的「入道雲」。飛機飛行時是不允許跑入任何一處的積亂雲之內，所以積亂雲可說是空中的「禁入區域」。

另外，從遠方眺望的時候真的有如盛夏時節的風物詩，在在顯現了萬種風情，但飛行駕駛們卻是絕對不會靠近「入道雲」這類雷雨雲層的區域。曾經有某位年輕的機師這麼跟我說過，「一旦飛進積亂雲的雲層內，就會被上升氣流和下降氣流給翻攪得一蹋糊塗，最後甚至會出現受到雷擊導致空中分解的情況！而這些都是前輩們一直諄諄告誡的！」

✈ 必須多加留意的夏季積亂雲

如果是目視就能發現的積亂雲就還好，因為有些積亂雲是無法看到的。因此，客機會在機首裝上小型天線來偵測周遭的氣象狀況。當機師看到螢幕上的偵測資訊後，會持續監視著各群朝著飛機而來的積亂雲。

聚集無數雲層的強大敵人

即使機師們在白天的時候可用肉眼確認積亂雲,但到了夜裡,若沒有滿月照亮晴朗夜空,根本就無法以目視辨識確認。所以,像這類的場合派上用場的就是裝在客機上的氣象系統了。

客機會利用裝設在機首的小型天線來偵測周遭的氣象資訊,並將這些資訊顯示在駕駛艙內的螢幕上,飛行駕駛們便會藉由該監視器來隨時嚴密偵測各群朝著飛機而來的積亂雲。

一旦確認前方有積亂雲,飛行駕駛就會變更原先預定的飛行航線,改採迂迴繞道的行程。不過,在積亂雲裡,也有某些等待著客機的雲層是極為棘手的強敵,甚至是直徑寬達100公里以上的雲層。

「在東南亞與太平洋等地區,特別是赤道附近,常常可以看到巨大積亂雲的產生。」前面提到的年輕機師這麼說著,「所以夏天的太平洋路線航班就一定要多加留神注意!」

不論是富士山或是積亂雲,外表都顯得美麗又穩定,強烈地吸引著人們。但是受到美麗召喚後卻會出手傷人,瞬間就造成極大傷害!在這一部分,不論是地上或是雲上的世界,情況都是差不多的!

17 飛往歐洲的航班需要50小時？

　　在五十年前，從日本飛往歐洲居然需要50個小時之久。當然，這並不是搭船的旅行，而是飛機。那麼，為何當時的歐洲會是這麼地遙遠呢？

　　其中一個理由就是往昔客機的性能問題。當時不管是哪個機種的航續距離都不夠長，所以一定要在途中停靠許多轉機地點。而且從前飛越北極圈等極地上空的安全飛行航法技術尚未成熟，所以航線採用的是經由香港、泰國、印度、中東等地，再接續飛往歐洲的「南行」路線，而非今天的「北行」路線，這也是一個影響重大的重要因素。

1957 年所開設的首次「北極航線」

　　被譽為航空路線開拓先鋒的SAS（斯堪地那維亞航空），是在西元1957年開設日本至哥本哈根之間的商業航線，也是全世界第一條北極航線。因為既有依靠太陽與星星的航行方法根本無法適用於北歐特有的黑暗季節，加上磁石在北極簡直毫無用處等技術性課題，最終還是讓他們一一克服。以北歐為據點的斯堪地那維亞航空之所以能夠在全世界的市場上大展身手，藉由開拓北行路線而擴充高緯度地區網絡這件事絕對是功不可沒。

　　因為要橫越北極圈上空，所以特別開發出新的航行技術就成了無法避免的首要之務。

　　舊有的航圖都是兩條子午線之間會逐漸變窄，然後交會於北極的一點，所以駕駛艙內同行的領航員就必須不斷修正航線。一旦進入看不到星星蹤跡、太陽位置不清楚的春分與秋分這類陰暗季節，想要在航圖上測定位置就成了完全不可能之事。

　　而且地球的磁北極較地圖上的北極點南偏了將近1600公里左右，所以一般的羅盤到了北極都會永遠指向南方，這種情況就讓想要穩定保持方向變成了一件難題。

　　那麼，在面對北極航線的開拓時，他們到底採取了哪些進步的措施呢？

極區方塊航圖

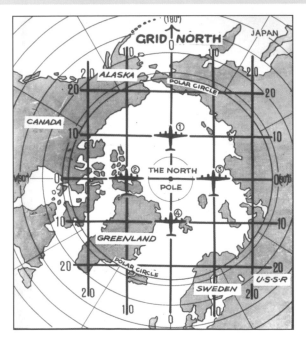

在「極區方塊航圖」裡，將格林威治當作南方，並劃過零度子午線，即可權宜性地把為阿拉斯加延伸到南太洋的線段看作是「北邊」。

〔照片提供＝SAS〕

格子地圖與陀螺羅盤

　　SAS的技術團隊首先進行的是將以北極為中心的格子狀地圖取代舊有航圖，而此地圖在之後也被命名為「SAS北極地圖」。這地圖是把格林威治當作南邊，並劃過零度子午線，如此一來就能將阿拉斯加延伸到南太平洋的線段權宜性地看作是「北邊」，而這就是所謂的「極區方塊航圖」。至於在羅盤方面，該團隊先是研製了一種一分鐘能夠回轉2萬4千次的陀螺，進而開發出具有能將出發前預設之飛行方向持續達20個小時性能的「飛越北極陀螺羅盤」。同時該團隊還設計出當太陽位於水平線下方難以測定的位置時，即可派上用場的嶄新工具——也就是利用偏光原理尋找方向的「晨昏羅盤」（sky compass）。　當然，若只是在技術方面鑽研，還是無法開發出北極航線的。所以在新航線開設前，也預先讓入選的新團隊成員們接受共計16次的實地訓練。

驅趕北極熊的槍擊訓練

　　為了事先做好緊急迫降在北極圈的準備，也持續開發設計出能夠保護乘客與空勤人員們的特殊衣服及帳篷，暖器裝置、緊急用無線傳送裝置等等，甚至連能夠格斃北極熊的特殊用槍都準備齊全了。在工具類的設備之中，還有著四人用睡袋，這是考慮到四個人用一個睡袋會比單獨使用來得更能保持溫暖的緣故。

　　這些空勤人員們便以斯堪地那維亞半島為場所，反覆再三地接受如何使用特別備用品的訓練。

　　斯堪地那維亞航空歷經種種挑戰而開設的北極航線，較之前的南行航程整整縮短了3750公里的距離，且飛行時間也減少了20個小時左右。

　　在這之後，北極航線更於西元1960年10月導入了定期飛航的噴射客機，飛行時數立即大幅度地減少為16個小時。SAS接著在1971年開設了中途降落莫斯科的西伯利亞航線。不過，西伯利亞航線因受到舊蘇聯政府的限制，所以當時便以靈活運用北極航線來替代此條航線。至於可飛越俄羅斯上空的不落地航班則是要到1987年之後才正式開航。舊蘇聯政府在1991年4月即全面性地開放俄羅斯上空的空域，靈活替用長達34年以上的北極航線，便在隔年的5月功成身退、正式結束。

　　現在，連接東京與哥本哈根兩地之間的航線，也僅需要11個半小時左右的飛行時間。

挑戰新航法技術的 SAS 技術團隊

SAS的技術團隊創造一種以北極為中心的格子狀地圖，用來取代以往使用的航圖，這就是可預設好飛行方向的「飛越北極陀螺羅盤」（左），另外也利用偏光原理製成的晨昏羅盤（下）。

〔照片提供＝斯堪地那維亞航空〕

079

18 為什麼搭飛機不能打手機？

　　「本架飛機馬上就要起飛，請乘客務必關掉您所攜帶的手機電源！」飛機內傳來了上述這段廣播，空服員們在客艙內來回走動依序檢查，甚至催促某些乘客關掉電源的景象，已是現今飛機上常見的畫面。

　　不過，我們還是常常可以看到幾個乘客會在空服員經過後，偷偷摸摸地從包包或是口袋裡拿出手機繼續使用。甚至有些人還會光明正大地打起簡訊來。

　　這些當然都是違法的行為。因為日本已在2004年1月開始實施「航空修正法」，2007年6月甚至出現了首位因在飛機上使用手機而被逮捕的犯人。

駕駛艙內的儀器突然開始不正常轉動

　　不過就是手機罷了！一定有不少人是這麼想的吧！那麼，為什麼法律會禁止在飛機上使用手機呢？

　　客機的測量儀器與自動駕駛裝置幾乎都是藉由電波來驅動的，同時飛機也需要利用天線來接收地面傳上來的電波以確認位置，或是將飛行狀況的資料載入電波，傳送給地上的機場塔台等等。但是手機這類的電子儀器，卻有著妨礙電波傳送的危險性。

　　「那是因為手機也是一種功能俱全的電波發射機啊！」業界的相關人士這麼說道。「如果手機發射出來的電波妨礙了原本應

該接收到的電波，就有造成駕駛艙電腦系統誤判的高度危險。」

另外，他也曾多次聽聞現實生活中的確發生過飛機在飛行時，卻出現駕駛艙儀器突然間開始狂亂轉動的情況，當要求使用手機的乘客立即關掉電源後，指針就會瞬間回到正常狀態。

於是，日本的航空界就從2004年1月15日開始實施「航空修正法」。針對廁所內吸煙、任意開啟機門、使用手機、妨礙空服員執行保安業務之性騷擾或暴力行為等種種情況給予嚴懲。這個法案甚至還加入了「不遵守機長命令的違反規定者，即處以50萬日幣以下罰金」等嚴格條文，後來在2007年6月還初次逮捕了在機內使用手機的犯人。

那麼，在這裡我們就針對此次事件介紹得更為詳細一點吧！

雖然禁止使用手機……

因為在機內使用手機，
導致事故持續不斷。
甚至有乘客因而被捕……

此事件引發某些質疑的反應

因為違反航空法的妨害安全行為而被逮捕的嫌疑人，是居住在日本神奈川縣的34歲男性。事件發生在2007年3月10日。在羽田飛往宮崎的全日本航空609班次飛機裡，這位男性因為使用手機而被空服員再三勸阻，即使機長發出了「禁止命令」，這位男性仍不願將手機電源切斷。於是，已朝向跑道滑行的飛機便折返放下這名旅客，並在延遲半個小時後才順利起飛。

這位男性被通報至機場署，三個月後再被逮捕。不過，事實上這次事件卻導致一部分的使用者開始發出某些質疑的聲音。

他們的疑問就是，「如果在機內使用手機是必須逮捕的危險行為，那為何要允許乘客帶上飛機呢？」

✈ 機場裡也貼有宣傳海報

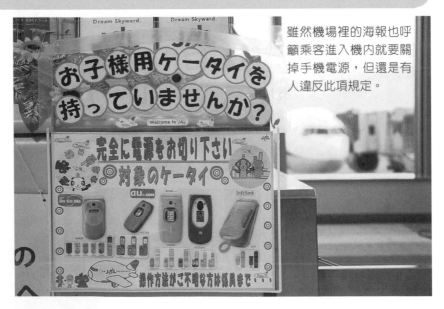

雖然機場裡的海報也呼籲乘客進入機內就要關掉手機電源，但還是有人違反此項規定。

如果真的非常危險，口頭告誡是不夠的

如果再深入地仔細想想，一定可以發現某個重要的問題。

飛機在起飛之前，空服員們就會穿梭在乘客之間來回走動，並指示乘客們要關掉手機的電源。但是，全世界每天都有數萬航次的班機在高空中穿梭往來，那些飛機裡頭一定存在著完全忘記關掉電源的手機吧！

當大家都說手機的電波因與飛機的飛航系統不同而有妨礙飛行的危險時，卻放任這種情況發生，對於某些人因此感到不安與不滿也是可以理解的。

「如果真的非常危險，只是口頭告誡要求關掉電源是不夠的。一般像是手槍或是刀子之類的危險物品，不是都會被禁止攜帶進入飛機嗎？」甚至有些人還會說：「某些專家說過，手機所使用的電波週波數與飛機的儀器類設備並不相同，所以無法證明手機會在飛行中發生電波干擾的現象。那有關這部分的事實又是什麼呢？」

當然，我並不是說在飛機內使用手機是沒有問題的，所以大家可以在飛機內撥打手機。不過，上述的各種意見，確實在某個程度上顯示了目前已到了必須用嚴謹實驗結果來進行討論的時期。如果手機真的會妨礙客機的飛航安全，那就更應該把這個事實徹底告知大家並要求確實遵守，才能真正保障乘客們的安全。

19 起飛與降落何者比較危險？

常聽到有人這麼說，因為覺得飛機很可怕，所以盡量不要搭乘飛機比較好。當聽到飛安事故的新聞傳來時，更是讓這些人覺得務必要跟天空保持距離。尤其在飛機落地著陸的那一瞬間，不少人總會特別不安，不管搭了多少次飛機，還是膽顫心驚、魂飛魄散。

有人聽到旁人這麼描述，就跑來問我說：「比起降落，飛機起飛時不是更加危險可怕嗎？」

聽到這裡，大家覺得飛機在起飛或是降落時，何者才是比較危險的呢？如果問問機師們，似乎多數人都會回答：「比起飛機降落，起飛的時刻的確比較緊張。」

這又是什麼原因呢？

事故發生率較高的「危險 11 分鐘」

原因之一就在於相較於降落著陸時速度會漸次降低，飛機起飛時卻是提升速度。而且飛機在起飛時載滿飛行燃料，此時的機體重量也是相對較重的。

一個機師告訴我說：「飛機起飛時的條件是比較嚴苛的，但如果真的發生意外，應該還是降落時的事故還比較可能留有生還者。」

這段話讓我想起了西元2000年7月，法國航空的協和式客機

在飛離法國巴黎的戴高樂機場後，就立刻墜落燒毀，並造成多人罹難的意外事故。從畫面中看到的影像，發現這種幾乎完全沒有消耗任何燃料的起飛事故，會產生相當驚人的爆炸。這場意外的結果更造成了113名的旅客罹難。

不過，如果問說是否飛機起飛時都是比較危險？從事故的件數看來，卻有資料顯示飛機落地時的意外反而較多，所以也不能就如此斷定。但是，發生事故機率最高的時間是在飛機起飛前開始滑行在跑道上的3分鐘，以及落地前的8分鐘，所以航空界便將其稱為「危險11分鐘」。

那麼，每一次飛行任務都在機上的駕駛們，面對這些問題又有什麼樣的想法呢？

✈ 飛機在起飛或降落時的 11 分鐘最令人緊張

起飛中

在飛機起飛前開始滑行於跑道上的3分鐘，以及落地前的8分鐘是事故發生率最高的時段。

降落中

忙碌到連緊張的空閒都沒有

「當飛機起飛和降落的時候，兩者中哪個情況是比較緊張的？」前陣子搭機前往美國時，我曾在機上這麼問過一位座艙長。「嗯……到底是哪一個呢？」座艙長邊思考邊回答道，「不管是起飛或是降落，我們其實要做的事情很多，根本就沒有時間緊張呢！」

應該有很多人會認為空服員是一種基於「自我犧牲」精神而成立的職業，一旦空服員遇到危急的狀況，在沒有疏散旅客之前，自己是絕不能夠逃走的。

不過，事實上他們本身卻有著強烈的想法認為，自己是一定要獲救的。因為只有當他們平安無事時，才能夠引導乘客平安脫逃啊！

寂靜無聲的三十秒

坐在組員座椅上的空勤人員。飛機起飛或是降落的時候，萬一發生事故的話，空勤人員們只有30秒鐘的時間來回想事先備妥的事故對策方案。這也是她們許多重要工作中的一件。

「有那麼多該忙的工作，根本連緊張的空閒都沒有。」

就誠如這位座艙長所說的，除了我們所看到的作業之外，其實空服員們還有著各式各樣的工作。就像是前面已經介紹過，飛機在起飛與落地時常會發生事故的「危險11分鐘」，當此時萬一發生意外事故時，想好備妥的處理方案，也是他們極為重要的工作之一。

寂靜無聲的三十秒

空服員在起飛或降落時，只有30秒鐘的時間可以用來備妥緊急時刻的處理對策。像是穩定機內的不安躁動、採取防止自己被撞擊的姿勢、落地後確認機外狀況，並依據需要來執行機門操作，以引導乘客們疏散脫逃。而每一次發生狀況時。他們僅有30秒的時間來思考上述這一連串作業。

有次搭乘飛機時，我的座位偶然地被安排在機門邊，所以有機會與坐在稱為「組員座椅（jump seat）」摺疊式座位上的空服員好好聊聊。其間雖然談得很熱烈，但正要起飛的時候，空服員卻好幾度開口說道：「不好意思，請等一下！」說完後就單方面地中斷了熱烈談論的話題。

不了解的人可能會覺得空服員真是沒有禮貌，甚至我自己剛開始搭乘飛機前往海外旅行的時候，也不太清楚真正的原因。

不過，現在不同了，因為我已經詳細體會到前文所提STS（silent thirty seconds）的重要性，所以對於開始閉上眼睛安靜下來的空服員們，我都會在心中加油大喊道：「你們辛苦了！」

20 為什麼飛機不會迷路？

在地面上開車的時候，因為有著各式各樣的路標，所以不用擔心會有迷路的狀況。即使車子未裝上衛星導航設備，我們還是可以用「到第二個紅綠燈右轉」、「從一公里前方的美術館處左轉」這類的說法來指引路途。不過，廣大無際的天空卻無法以此種方式航行，那麼，客機飛翔於毫無標誌的空中時，又是怎麼到達目的地的呢？

雖然也有過以地上地形及夜空星辰來辨識飛行的時代，但目前已經完全不同了。現在的天空也已規劃出明確的道路，大家都改為以重新決定的航線來飛行了。

飛機的天花板上有個大洞！

在大韓航空公司（Korean Air）訓練自家公司機師的韓國濟州島飛行訓練中心裡，展示著一架由洛克希德公司所製造的古老「超級星座（constellation）」高速螺旋槳飛機。這架超級星座客機也是曾被譽為「空中女王」的名機，目前在全世界只剩下五台此型飛機能夠繼續飛行。在前往這座訓練中心採訪時，我也幸運獲得了參觀這架飛機的機會。

一進入飛機內部之後，就可感受到駕駛艙的復古氛圍，同時眼簾也隨即映入了天花板上挖得大大的圓形窗戶的景象。

莫非這個是……

當我在心裡念頭一轉，負責導覽的人員隨即轉過頭來說明回答道：「是的，這個窗戶就是導航窗（navigation window）」。

其實，在以往的某段時間裡，客機上除了有機長、副機師、飛航工程師之外，同時有還導航員的存在。

當飛機位處高空，朝向目的地飛去時，導航員會從這個圓形窗戶中伸出頭部來觀察下方的廣闊地形與夜空中的星辰，藉以確認出飛行中的位置，並利用無線電來與地面聯絡。在隆冬時節的寒夜裡，導航員要忍受著冷風撲面而來，可以想見當時的工作是多麼地辛苦。

在現今的駕駛艙中，導航員的身影早已不復見，因為導航的工作都已經被電腦逐漸取代了。

曾經有著「空中女王」美譽的名機

位於韓國濟州島的大韓航空飛行訓練中心所保存的洛克希德製「超級星座客機」。飛機天花板上所開的窗戶就是用來目視確認飛行位置的「導航窗」。

天空中也有客機專用的「道路」

大家都知道天空中也有客機專用的「道路」嗎？

從出發地到目的地這段路程，客機的航線並非隨意自由亂飛的。在全世界的天空裡，早已佈滿了極為繁密且有如網子一般的客機專用道路，也就是所謂的「航路（Airway）」。

飛行團隊們在每一次的飛行之前，一定會與專業的調度員（dispatcher）進行會議。在會議中，調度員會將飛行航線上的氣候、雲系、亂流等相關注意事項，以及當天乘客數目、機內載運貨物量等各方面訊息告知他們，之後再決定要由哪一條航線飛行。就像是觀光客們會把「城市地圖」或「導覽書籍」帶上街一樣，飛行人員們也會將吉普遜航圖（Jeppesen Chart）帶入駕駛艙中，並邊與該航線地面上的無線電台聯絡，邊正確地朝往目的地飛去。

導航顯示器上會即時顯示現在地

因為客機是藉由設立在地面上的「全方位無線電導航台（NDB，non-direction radio beacon，又稱歸航台）」與「全向導航台（VOR，又稱特高頻多向導航台）」的無線標誌來接收訊號，所以不用擔心會飛離航線。

當飛機飛行於遠離地面的海上時，飛行管理系統（FMS，Flight Management System）會以陀螺羅盤與加速度計（acceleromete，加速儀）所顯示的資料（移動方向、移動距離、速度等等）為基礎計算出飛機的現在位置，並將此位置與駕駛艙中導航顯示器上（ND，navigation display）的地圖資訊予以判斷，以即時顯示出時時刻刻都持續變化的現在位置。因為導航顯

示器上也會有雷達所收集到的積亂雲等各種資料，所以也可以從畫面上直接判斷從哪個方向繞道飛行才是安全的。

飛機在飛行時，機內的大型螢幕上都會顯示著起飛後的飛行航線與客機於現在位置朝往目的地移動的圖像。這就是所謂的「空中導航」，也就是將FMS傳來的資訊即時顯示在螢幕上。

導航顯示器

在現今的駕駛艙中，導航員的身影早已不復見，因為這種導航的工作已經被電腦逐漸取代了。那些時時刻刻都在變化的飛行資訊甚至能夠即時出現在駕駛艙的導航顯示器上。

21 飛機雲是如何形成的？

蔚藍天空裡，常常會劃出一道筆直的白線，而且順著這道白線看過去的話，就可以發現正要通過上空的客機蹤影。

那麼，天空中為何會有這種飛行時會拖曳出白雲長線的客機，以及飛行時什麼都沒有出現的客機呢？

由引擎排放的水分昇華而成

在冬天的清晨裡吐氣，就會看到空氣變得白白的。而飛機雲（contrail，飛機的凝結尾流）形成的原理也是一樣的。特別是在空中出現卷雲時，就很容易形成飛機雲。

所謂的「卷雲」，就是一種「冰晶雲層」，通常出現在冰點之下的零下10度大氣中，而且其周圍的空氣也都已經處於飽和的狀態。當噴射客機在這種雲層中前進時，由引擎排出來的氣體水分就會昇華，進而形成濃密的飛機雲。雖然大多數飛機雲不久後就會消失，但有時還是可以見到持續長達一個小時以上的情況。

之前，有個電視氣象主播曾表示道，大家可藉由飛機雲來預測翌日的天氣狀況：「我們之所以能夠看到飛機雲，就是高空裡水蒸氣正在增加的證據。所以隔天的天氣是多雲的可能性就很高。另外，即使同樣都是飛機雲，有時看起來也不是呈現一直線，而是如同波浪般高低起伏。這是因為高空中吹著強風的緣故，表示天氣有可能急速轉變。」

聽完後只覺得原來如此，這也是事先了解的有用知識呢！

不過，我以前曾在美國東海岸遇到很令人意外的景象。當時我走在路上，突然看見前方遠處出現了幾架小型飛機。這些小飛機慢慢開展為編隊飛行，並在蔚藍澄淨的天空裡砰砰地留下許多白點。高空裡所呈現的景象其實是某企業慶賀成立五十週年的紀念文字。

這個動作稱為「空中打字（sky-typing）」，也就是利用小型飛機以人工方式產生點狀飛機雲，將廣大天空作為畫布而打上各種文字。這種情況常常可在企業廣告或是奧運開幕儀式之類的場合中見到。在日本，近幾年來也開始可以看到空中出現這種景象了。

雖然很久以前就出現了在飛機上灑下傳單，或是在天空裡飄浮著廣告氣球等等廣告方式，但以天空當做舞台的廣告還是很不一樣啊！

劃在高空中的筆直白線

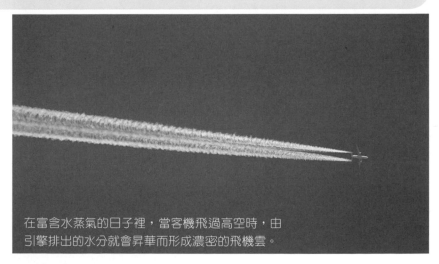

在富含水蒸氣的日子裡，當客機飛過高空時，由引擎排出的水分就會昇華而形成濃密的飛機雲。

22 什麼時刻才是出發時間？

　　這個場景是發生在大陸航空即將從成田機場起飛前往美國德州休士頓的班機裡。

　　停在跑道前方的波音777-200客機也開始移動，飛機起飛離地之後，同行的一位旅客看著手錶抱怨說：

　　「又是慢了20分鐘才出發，飛機怎麼老是無法按時飛呢？」

　　「不是啦，這個航班的出發時間是正確的喔！」我聽到之後便這麼回答道。

　　因為他應該是把機場時刻表上所顯示的出發時間錯當成是飛機的離地時間了。

機體最初滑動的瞬間就是旅行的開始

　　我們所搭乘的是下午五點出發的大陸航空006號航班。而006號航班也準時從成田機場出發。

　　所謂的「出發時間」，並不是飛機離開跑道往上拉起的時間，而是指停止中的客機開始移動的時間。如果要讓靜靜停在正對著機場航站（terminal）停機坪上的客機正式出發，就必須由曳引車（towing car）將飛機向後推（Push back）至機場跑道（runway）的滑行道（taxi way）上，所以出發時間指的就是機體開始移動的這個瞬間。各位的空中之旅也是從這一刻才正式展開的！

　　在飛機機體周圍進行作業的維修工作人員,會在出發時間的前五分鐘取下客機設置的安全裝置,並將其移至機體後方,避免妨礙到飛機的移動。同時再次確認飛機的機門是否已全部關住並且上鎖,然後即開始進行滑出(block out)作業,這時出發的準備就算全部完成了。嚴格說來,時刻表上所顯示的時間,其實就是指這個「滑出」作業的時間。

　　同樣的,到達時間並不是指客機降落在目的地機場的時間,而是指客機降落在跑道後,於地面上朝向機場航站滑行,在遵從航務人員的引導下停至停機坪的時間。

空中之旅到底是從何時展開的?

標示在時刻表上的出發時間,指的是取下前輪輪胎止輪墊(sprag)的「滑出」時間。

Column 海外旅行時的最佳情報來源

　　步行在國外時，我是絕對不會攜帶任何一本導覽手冊的。因為這類書籍當中所刊載的訊息大概都是旅行作家們在半年前所採訪到的資料。經過半年的時間，這些資訊也都已經過時了。而且帶著導覽手冊跑到一大堆日本旅客們聚集的店家參觀，也真是非常無趣的旅行。所以我最常依賴的珍貴情報來源就是飛行途中遇到的空服員們。

　　她們通常極為熟知只有當地人才會去的有趣景點，或是便宜又好吃的店家。所以有不少空服員都這麼跟我說，「當有人尋求我的建議時，我都會確實地傳遞自己實際上所看到的感覺。」如果大家在飛機上就向她們請教的話，一定可以獲得極為珍貴的情報吧！

空服員也會親切地告訴我們當地的最新情報等各種資訊。

第 三 章
機艙的常識

即使是相同種類的客機，機艙的樣式還是會因為營運航空公司的不同而有所差異。事實上，不管是哪一家航空公司，最近的機艙設計全都是很有個性的。另外，座位的配置是怎麼決定的？廁所的構造又是什麼樣子？飛機餐是如何料理製作的？只要更加了解客機的機艙，空中的旅行也會變得越來越有趣喔！

在澳洲的黃金海岸旅行時，我曾去參觀當地一處能夠全覽街景的最新著名地標，也就是高達322.5公尺的「Q1 大廈」。當我搭乘從地面到達展望台所在的77層樓只需42.7秒的高速電梯時，耳朵從中途就開始痛了起來。

不知道大家是否也曾有過這樣的經驗？

這種耳朵疼痛的情形，在搭乘飛機飛行時也是很常見的。因為空氣也有重量，在高度為零的地面附近（海平面），每一平方公分約有一公斤的壓力（一大氣壓）。而越往高處大氣壓力就越低，所以在高度一萬公尺高空中，大氣壓力就大約只有地面四分之一的0.26氣壓左右。但是我們人類的身體卻對這樣的氣壓變化難以適應，所以在高空中飛行的飛機內部就必須針對氣壓進行控制。

在這裡，我們就針對客機的機艙空調，以及被稱為「增壓（pressurization）」的機內氣壓調整方法來仔細了解一下。

利用「引擎」來調整機內環境

當我們通過登機門而踏入客機的機艙裡頭，就可以發現機內隨時保持著舒適的溫度。這個溫度大概是攝氏23至25度左右。不過，其實飛機當中並未裝設著一般家庭用來冷卻或溫暖房間的空調設備。

　　因為客機是利用引擎來進行空調的作業。首先。從引擎抽出高溫的壓縮空氣，然後與寒冷的機外空氣進行熱交換後，再利用斷熱膨脹將空氣予以冷卻。當空氣調整至適當溫度後，就會從天花板附近的送風口吹入機艙裡頭。

　　這時，如果機內持續輸送著新的空氣，那原本的舊空氣就沒有去處，而飛機的機體也會變成有如氣球那樣地膨大。所以飛機裡頭就會需要將多餘空氣排放至機外的裝置。

　　因此，客機便在機身後方部位裝上了被稱為「外洩閥（outflow valve）」的小型設備，藉由此閥門的開閉，來調整排放吞吐的空氣量，進而控制飛機內部的氣壓（增壓）。

　　那麼，我們再回到文章一開始所說到的「耳朵變痛」這個話題吧！

機內的空氣送風口

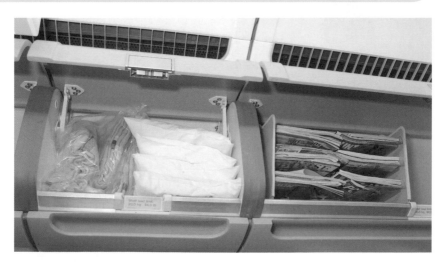

從引擎排出且調整為適當溫度的空氣，會從天花板附近的送風口吹入機艙中。

讓身體的空氣向外釋出

平常雖然沒有特別的感覺，但我們的身體在地面上其實是承受著一大氣壓左右的壓力。而之所以會沒有感覺，那是因為我們身體內部也會產生一大氣壓的力量，並將其反推回去之故。也就是說，身體的外側與內側就會呈現著剛好平衡的狀態。

不過，飛機內部雖然藉由氣壓與增壓來進行控制，但因為機體本身構造的緣故，所以是無法到達一大氣壓的。在高度一萬公尺的上空，飛機機內的氣壓都是保持在2400公尺的數值（0.8氣壓）左右。因此，當飛機逐漸上升而使機內氣壓漸次下降時，仍維持在一大氣壓的身體，內側就會有空氣想要向外釋出，導致耳朵鼓膜這種極為敏感的器官出現震動而造成耳朵疼痛的現象。

✈ 分送糖果的服務是其來有自的

耳朵之所以會在飛機上升時產生疼痛，原因就在於壓力的急速變化。當身體中的空氣想要釋放出來時，就會使得鼓膜產生震動，所以這時只要含著糖果，並且和著口水一起吞進喉嚨，就能達到刺激鼓膜的效果。

　　像這種時候，大口吞下唾液就會產生改善的效果。像飛機上常可見到分發糖果的服務，其目的就是因為含著糖果並和著口水吞進去的話，就會有刺激鼓膜而解除耳朵疼痛的效果。所以當空服員拿著盛有糖果的盤子經過時，請務必不要客氣，拿個兩、三個都沒有關係。

搭乘飛機時，要特別注意飲酒的情況

　　不過，客機在飛行中，出現酒醉乘客向空服員施以暴力或是性騷擾的情況也是屢見不鮮的。大家務必要記得一個事實，那就是身處氣壓較低的高空，一旦喝酒就會比在地面上還容易酒醉。美國也曾經發表過飲酒後的血中酒精濃度會隨著飛機高度而增加的研究結果。

　　我們在前面有提過，一般國際線的客機都是飛行在高度為一萬公尺以上的高空裡，但是機內氣壓卻只保持在2400公尺高度的程度。這種氣壓的差異，時常會導致某些人出現酒醉速度較地面快上好幾倍的情況。

　　「我又沒有這個意圖，我什麼都不記得了啦！」

　　有許多在飛機上酒醉胡鬧，一抵達目的地就被航警帶走的人們似乎都是這麼說的。

　　某個我認識的女記者，雖然原本只打算在飛機上喝一杯酒就好，最後卻出現爛醉如泥且意識模糊地倒臥在經濟艙走道上的情況，甚至還勞動空服員將她抱到頭等艙的空位上休息睡覺。不過，她本人雖然沒有出現什麼惡劣行為，但之後竟聽到她高興地說道：「這是我人生第一次體驗頭等艙呢！」對於這樣的回答，實在是令人啞口無言啊！

24 客機裡的廁所哪裡不一樣？

「如果在飛行中的機內使用廁所，那污物會被撒到天空嗎？」

「怎麼可能，不會這樣做啦！」

我突然想起，以前曾在某家航空教室看過一個資深空服員被問到這個問題時，慌慌張張的如此回答著。

把污物撒到空中？連我也忍不住笑了出來。不過，如果在飛行中實際去問問乘客，其中應該有不少人都是這麼想的吧！

那麼，我們這裡就針對客機的廁所來談談吧！

「循環式」與「真空式」

客機上所設置的廁所大致上有兩種。

一種是被稱為「循環式」的老舊類型。循環式的廁所是在馬桶下方有著貯放污物的水槽，而且藉由循環槽內用水來洗淨馬桶，所以才會有這個名字。

不過，循環式廁所的缺點就在於因為需要重複使用有限的水分，所以每次使用廁所時，就一定要將馬桶用水再次進行殺菌、淨化程序，當然馬桶的用水就會隨著使用程度的頻繁而變髒。於是，針對這個缺點研發出來的就是被稱為「真空式」的新式廁所了。

真空式廁所會將被稱為「收集槽（waste tank）」的集中槽設

置於機體後方。而真空式廁所的特徵就是把分置於機艙中數個位置的廁所污物,全部利用管子聚攏集合放在一個地方。

那麼,散置於機艙內各處的廁所污物是又是如何收集到後方收集槽的呢?

雖然真空式與循環式同樣都是利用流水來沖淨,但廁所如果與收集槽的距離太遠的話,就會需要更多的水分。就算是大型客機,也仍然無法存放這麼多的用水。所以,真空式馬桶所採用的方法,就是利用機內與機外的氣壓差。

✈ 飛機是以真空式廁所為主流

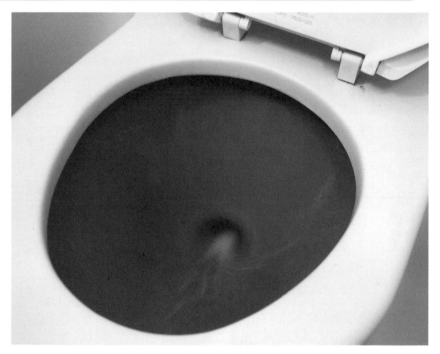

利用機內與機外的氣壓差,真空式廁所就能以少量水分而將污物強力沖進後方的收集槽裡。

巧妙利用機內與機外的壓力差

在地面的時候，飛機內部與機外都同樣是一大氣壓，但是在高度一萬公尺的高空裡，相較於機內所保持的0.8氣壓，機外的氣壓卻是低至0.26氣壓左右而已。

這裡要特別注意的重點就在於「空氣是由氣壓高處流動至氣壓低處」的性質。真空式的廁所是藉由連接著廁所與收集槽的水管而通往飛機外部的。當飛機在飛行時，乘客使用完廁所並按下「洗淨」的按鈕後，即可以極少量的水分將污物強力地吸走。這是因為隔阻水管的閥門朝外打開後，管內的氣壓就會一口氣迅速降低，這個情況跟機體開有一個大洞是同樣的狀態，如此一來，污物就會被吸往水槽的方向。當空氣逸出至飛機外部後，就僅留下污物被集中到收集槽了。

近來的廁所已經煥然一新，變得更加明亮

在最新引進的飛機設備裡，各家航空公司都選擇設置明亮的廁所。不但有窗戶，而且每間廁所都設計成開放式的形式。

將污物排放至機外而任其空中分解？

　　因為循環式廁所必須在正下方裝設收集槽，所以能夠設置廁所的場所幾乎都已經固定了，但真空式的廁所卻只需要在飛機後方找個空間即可，所以真空式廁所還有著可提高機內配置自由度的優點。

　　那麼，在機內與機外沒有壓力差的地面上，或是高度不高的地方使用廁所的話，又會出現什麼樣的情況呢？因為真空式的廁所為了這類場合早就準備好吸取的功能，所以大家是不用擔心的！此裝置的原理與家庭用吸塵器相同，都是利用泵浦來讓收集槽內部呈現真空狀態，進而製造出與飛機內部的壓力差。

　　最近，各家航空公司都相繼引入了波音777及空中巴士A330、340等各種新款客機，而機上的廁所也幾乎全都改為這種真空式的類型。這些以新穎的飛機機材所建造的廁所都會開有大型窗戶，而使得空間更為明亮，比起從前的設計，更顯得愈發舒適愉快。

　　不過，這裡我們先回到文章開頭所提到的「把污物撒到天空中？」的問題，聽到這個疑問的空服員雖然很快回答「怎麼有可能？」來加以否定，但在從前有段時期真的是以這種方式處理！即使現在聽起來有如天方夜譚般難以接受，但那段時期飛機真的都是把那些污物直接排放到機外，並讓排泄物在空中直接分解處理掉。

25 什麼是機門模式？

當搭乘的班機降落在機場並搭好空橋時，飛機裡頭這時傳來了廣播聲：

「空服員請改變機門模式（door mode）！」

大家應該對於這段話都有印象吧！

接下來，空服員就會面向機艙的機門開始進行某些操作。不知道大家是否曾想過那到底是在做什麼？

雖然很多人可能都會認為空服員應該是在打開機門的門鎖，準備讓乘客下機，不過事實並非如此。空服員們其實是在進行一項很重要的任務，那就是將機門上所設的緊急逃脫裝置的自動模式予以解除。

啟動緊急時刻的逃脫裝置

客機的機艙門口內側其實收納著緊急脫逃用的滑行裝置（Slide chute）。

在機場時，機門的開關通常是飛機外側工作人員的工作，所以機門也是設計為可從外側打開。雖然空服員從飛機內部也可以用自己的力量打開，但要從內側打開機門的機會只有「緊急情況」的場合。也就是飛機遇到緊急情況一打開機門時，滑行裝置就會自動充氣，變成一個能夠從機門滑下地面或是海面上的逃生構造。

　　從打開機門到滑行裝置自動設定完成的這段時間，大約僅僅需要10秒左右。如果在機場的乘客在上下飛機的平常狀態時，啟動了這樣的裝置，可是很糟糕的事情。

　　所以當客機降落在機場時，進行了一些解除動作後，機門模式就會變成「解除位置（disarmed position）」。也就是說，解開啟動緊急逃脫裝置的作業是必要的。如果不把機門模式改為解除位置，有不少機型就無法從飛機外側開閉機門。所以空服員們就必須在降落後，遵照機內廣播的指示來進行機門模式的變更。

　　當機門模式的變更操作完成後，地面上的工作人員就會從飛機外側打開機門，乘客們這時即可拿著手提行李走下飛機了。

空服員面對著機門在做什麼呢？

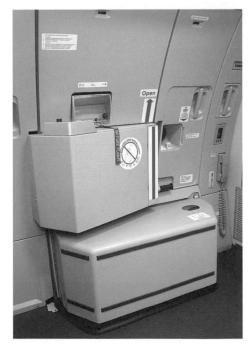

機門內側其實收納著緊急脫逃用的滑行裝置，如果將其自動操作的模式一解開，機門就會立刻打開，好讓乘客們離開飛機。

改變機門模式是由空服員親手操作

當該架飛機準備好前往下一個目的地，且所有乘客也都登機完畢後，飛機裡頭又會再度傳來相同的「變更機門模式」的廣播。接著，空服員們即會進行與之前相反的作業，就是將機門模式設定在緊急逃脫裝置會自動運轉的「開啟位置（armed position）」。而機門模式的變更就是在飛機降落或起飛前，由空服員們反覆地親自進行的作業。

「啊？原來如此！我之前一直以為變更機門模式，就是打開或關上機艙的門鎖呀！」一位年長的男性在聽到我的說明後，非常驚訝地這麼說道。他雖然經常在國內外出差，按理說早已經非常熟悉搭乘飛機才對，但卻出乎意料外地不清楚這個情況。

✈ 各家航空公司的空服員訓練設施

SINGAPORE AIRLINES

上圖：新加坡航空
下圖：大韓航空

圖為新加坡航空與大韓航空的空服員訓練設施。空服員必須在緊急的時刻守護乘客們的生命，所以她們扮演著非常重要的角色，當然也要接受嚴格的訓練之後再執行工作。

絕對不能原諒的輕忽錯誤

當然，我們乘客是沒有必要知道這些保安方面的背後相關資訊，但糟糕的是，有某些空服員竟然會忘記如此重要的作業。「一架從○○飛往△△的班機，在疏忽未進行機門模式變更的情況下直接從機場出發。而原因就在於空服員疏忽忘記才導致這個錯誤」像這樣的新聞應該時常在媒體上看到吧！

至於這種情況，到底是沒有進行機內廣播連絡業務所造成的呢？還是空服員聽到廣播後卻疏忽未能執行呢？

在發生緊急情況時，空服員必須使用滑行裝置來讓乘客們順利脫逃，加上有個與安全相關的規定是必須在90秒鐘內將所有乘客全數疏散，所以客機通常會根據各自機型的不同而設置必要數量的非常門。而每一位空服員們應該平常就會接受相關作業與引導逃脫的訓練。

到目前為止，我曾經拜訪過許多航空公司的新進人員訓練設施，並且採訪他們使用模擬細部狀況的實物大模型進行訓練的情景，得知他們對訓練生的訓練是非常嚴格的。希望完成訓練的空服員們在面對每天的飛航工作時，也能莫忘初衷，並確實保持自覺，清楚了解到自己除了是機內的服務要員，同時更是重要的「安全要員」。

26 座位的桌子是傾斜的嗎？

當飛機從跑道上起飛，並持續上升，最後終於移至水平飛行。之後不久，機艙內就會展開最初的餐飲服務。應該有不少人都認為前往海外的遠途飛行裡，最令人期待的就是機上的供應餐點吧！

不過，當繫上安全帶的燈號一消失，也會有人立刻離開座位，如果是去上廁所這類情況的話，記得務必注意行走時的安全。

「咦？氣流也很穩定，沒有什麼問題吧？」

不，就算是這樣也不能疏忽。即使飛機是處於水平飛行的狀態，但實際上飛機是以前後稍呈傾斜地飛在天空裡！

水平飛行並不是「零度」飛行

「當空服員推著手推車從後邊空廚走出來之後，請仔細地觀察看看！」某個空服員訓練中心的講師這麼跟我說。「即使推著手推車前進看起來很吃力，但她們從機艙前方以反方向回到後邊時，卻可意外地見到臉上掛著輕鬆的神情。」

也就是說，從通道後方往前面推動時會顯得沉重吃力，但是從相反方向回去的話，卻只需輕輕推著就可以了。

一般說來，大家應該都會以去程的推車塞滿了服務乘客的套餐，所以分配完畢回到空廚時推車就變得空空的，所以當然會顯

得輕鬆許多。但是，如果再仔細地觀察看看，應該可以發現並非僅有這個原因。

因為若真是如此，那從前方空廚出來且塞滿餐點的推車往後方移動時，應該去程也是看起來又重又難推才對，可是我卻看到她們分配完餐點而從後方回到前方的這段路更顯得吃力辛苦。

為什麼會這樣呢？

事實上，這是因為客機飛行角度所造成的影響。當餐飲服務開始的時候，飛機剛好在此時轉為巡航高度的水平飛行，雖然說是水平飛行，但是實際上的角度指的並不是零度。

去程與回程何者較為輕鬆？

在傾斜的飛機內部推著餐車是非常辛苦的一件事。大家不妨注意看看，空服員們在推著餐車往機艙前方及後方的時候，她們臉上的表情有什麼樣的變化呢？

利用調整「攻角」來維持經濟速度

　　所謂的水平飛行，是指機翼產生的升力（向上拉的力量）與機體產生的重力（向下拉的力量）維持著均衡的狀態。即使客機在到達巡航高度而改為水平飛行後，此刻的機體角度嚴格說來也不是「零度」。

　　近來的新型客機都搭載使用了被稱為FMS這種電腦系統（flight management system，飛航管理系統），所以可以利用電腦計算出最適合當天的「經濟速度」。如果將推力桿設定在此速度飛行就能讓電腦自動控制飛行，但推進動力（propulsion power）一旦被降低，前進的動力也會跟著變弱，所以這麼一來就無法維持必要的升力。

桌子的傾斜角度大約是三度

飛機即使處於攻角3度的巡航飛行當中，玻璃杯內的飲料還是不會溢出來的。那是因為每個座位的桌子大都預先設定好傾斜3度左右了。
〔照片提供＝紐西蘭航空〕

所以，FMC（flight management computer，自動飛行儀器）就會指示控制電腦，調整保持在相同飛行高度的機首角度。這麼一來，機體雖然正在進行水平飛行，但還是會以機首稍稍朝上的姿勢持續飛行。

針對機體在這個情況下所面對行進方向的角度，我們稱之為「攻角」；而操作機首上下變換角度的裝置則是稱為「機首俯仰控制（pitch control）」。

試著感受「上坡」與「下坡」

客機為了維持經濟速度，即使升至巡航高度，通常還是會以2.5至3度左右的攻角來繼續飛行。這也被認為是客機最有效率的飛行姿勢。

如果知道了機身整體傾斜了3度，那對空服員們從機艙後方向前推著餐車卻顯得吃力沉重，而相反方向卻是輕鬆許多的情況，就能完全理解了。

國際線的客機在起飛升起時的攻角是15度，所以3度比起來就非常小，甚至有些人對於這種程度的傾斜幾乎完全沒有察覺。不過，感覺較為敏銳的人或許站在化妝室的時候，多少都能發現那種不太平衡的感覺。如果在水平飛行時走在通道上，應該也能感受到前方有如上坡，相反方向有如下坡。

如果飛機傾斜著3度，那放在座位桌子上的飲料等等，不也很容易就灑出來嗎？如果你有這個疑慮，倒是可以放心。不論是哪一家航空公司，當引入新型客機時，應該也都會事先將座位的桌子設定為向下傾斜3度，請大家不用擔心！

27 飛機餐是如何烹調出來的？

　　當飛機起飛一個小時之後，機內到處開始瀰漫著餐點的香味。近年來，不論是哪家航空公司，在飛機餐的部分都有了極大幅度的改善。

　　在客機當中，有個如同餐廳廚房一般的區域，就是所謂的空廚（galley）。小型飛機通常前後共有兩座，而大型飛機設置的數量甚至有5到7座左右。雖然說是「空中廚房」，但其實是無法如同真正的廚房那樣開火烹飪的。

　　那麼，飛機餐又是如何烹飪調理出來的呢？──現在，我們就來瞧瞧空廚的實際情況吧！

濃縮必要功能的空廚

　　針對機內提供的餐飲所需要的貯存、加熱、餐具擺放、整理等相關功能，全都完備地置於空廚這個空間當中。

　　客機餐飲專業供應商會事先調理好乘客人數份量的飛機餐，並放在托盤上疊成許多層，接著分層放入裝有車輪的推車當中。之後再將已於出發機場裝好餐點的推車，保持原狀收納置入空廚的流理台下方。當飛機離開地面後，一到進餐時間，空服員就會把推車的電源開關打開，然後托盤下方的加熱板就會通電，並只針對主餐進行加熱動作。當餐點加熱完畢後，空服員就可以推著餐車，同時將飲料與飛機餐推出來了。

　　「在製造出如此便利的餐車之前，我們都是一盤盤地將食物從餐車中拿出來，再置於爐子上加熱的！」某位資深空服員這麼跟我說道，「如果是一架客滿的大型客機，就表示我們必須為將近400人的乘客們加熱餐點。所以當時的空服人員們一到用餐時間就會忙得天翻地覆。」

　　隨著客機朝往大型化發展，空廚也隨此情況而有了大幅的進化。現在，空廚中同時還設置了能夠簡單調理食物的工作檯、微波爐、咖啡機、用餐完畢後的垃圾壓縮處理機（trash compactor）等等各種工具設備。

✈ 備齊各種功能於一室的空中廚房

客機中也有著相當於餐廳廚房的空廚。只加熱主餐的附輪推車、微波爐、垃圾處理機等各種便利設備一應俱全。

和一流主廚合作開發餐點

近來，和一流飯店及餐廳的主廚合作開發餐點的航空公司已有增加的趨勢，而且乘客們也開始能夠在高空的頭等艙或是商務艙當中，享受手藝高超主廚的自信之作。

以美味飛機餐聞名的新加坡航空就是其中的一家。新加坡航空從世界各國找來十位著名主廚，並組成「國際料理委員會」進行餐點開發工作。現在，新加坡航空班機上所提供的餐點，全都是由著名主廚們不斷重複相互激盪意見想法，並經過試做、試吃等作業程序後，再加以改良後完成的作品。

之前，我曾拜訪過屬於新加坡航空的餐飲供應中心，並參觀了其再次重現8000公尺高空中機艙的設施。因為食材在高空中容易乾燥，所以在烹調、保存環境等方面所需要的條件與地面上大不相同。當主廚們在平地上開發餐點時，就一定要在此處的實驗場所試做品嚐，對於創造獨特風味有著莫大幫助。

推出提供剛煮好的熱騰騰白飯的服務

在開發飛機餐的餐點時，最關鍵之處應該就是「如何能夠在高空進行簡單加熱後立刻提供給客人」。

不過，有些航空公司卻因意圖創造與其他業者間的差異化，反而提供了更費工夫的服務。其中之一就是日本航空最近提供的新鮮炊飯服務。這項服務的開始是在2005年12月往來於連結東京、倫敦、紐約這條航線的頭等艙，之後還把這項服務擴大到東京到巴黎、法蘭克福、芝加哥、洛杉磯、舊金山等各條航線，以及大阪至倫敦航線、名古屋至巴黎航線等等。

大受歡迎的純日式服務

日本航空在部分國際航班頭等艙裡所提供的生米現煮熱騰騰炊飯服務，在市場上大受歡迎。〔照片提供＝日本航空〕

　　這項服務所使用的米粒是產自新潟縣魚沼（譯註：日本最著名的越光米產地。）的越光米。在飛機裡，空服員會在乘客面前將生米煮成的熱騰騰米飯盛入飯碗中，再一個個地分送給客人。

　　「雖然是一項大受乘客歡迎的服務，可是還是會給空服員們增加負擔吧，真是辛苦你們了！」

　　我這麼地告訴一位空服員，不過她卻搖搖頭，帶著笑臉回答說：「不會啦，哪有什麼負擔！其實這個服務讓點飯的客人反而變多呢，而且幫大家添飯時還可以順便聊聊天呀！因為我們希望盡可能地重視機內的溝通，所以對我們空服員們來說，也都認為這是一項很令人開心的服務呢！」

28 客機的窗戶為什麼這麼小？

「客艙的窗戶如果再大一點點就好了……」

每當各家航空公司為了有效提升品質，而向客戶進行意見調查，常常都會出現上面這個意見。的確，如果窗戶加大尺寸，就可以更清楚地欣賞地面上的景色吧！像是鐵路上近來也開始出現已加大窗戶的觀光用火車隨風馳騁。或許有些人會認為客機的窗戶比火車還來得小，服務品質真是不好。

但客機的窗戶之所以無法隨意加大，其實是有原因的。

了解內部骨架與窗戶的關係

客機的窗戶之所以會製造得這麼小，原因就在構造。

因為有許多構成飛機機身部分的樑柱擋在中間，所以就無法讓飛機的窗戶加大尺寸。客機的蒙皮是由厚度僅有1～2公釐的鋁合金所製成的，為了讓如此輕薄的材料能夠確保客機機體的強度，所以便發展設計出利用堅固構架與桁條組合而成的「半單殼式結構」。客機的窗戶也就只能設置於沒有骨架擋住的區域，所以實在難以挪出空間來加大窗戶的尺寸。

或許有些人會想說，既然如此，那就減少骨架的數目不就可以多出較寬的空間了嗎？但是一減少骨架，就必須為了維持機身強度而加厚飛機外側的鈑金。這麼一來，整體機身的重量就會過重，導致飛機根本無法飛起來。

　　機體的骨架因為隱藏在內側，所以平常是無法感覺到它們的存在。不過，這些樑柱其實就豎立在這些小窗之間的牆壁部分。請稍微想像一下，或許應該就能理解客機的構造了吧！

　　我們在這裡先改變一下話題。大家應該都還記得2003年在眾人惋惜中消失於天空中的超音速協和式客機吧？它向下至12.5度的下垂式機頭以及亮著後燃器而奔騰衝上夜空的景象，至今仍是眾人津津樂道的話題。如果向實際搭乘過協和式客機飛越大西洋的旅客們詢問感想，一定會對它的窗戶尺寸有所意見。有人會說：「狹窄的機艙與難以想像的窄小窗戶實在令人非常意外。」

✈ 因構造的影響，才無法將窗戶尺寸加大

飛機的機體側面是一整排的小窗戶。在這些窗戶之間的區域當中，都有著構造上不可或缺的堅固樑柱通過。

協和式客機的窗戶只有明信片大小

事實上，協和式客機的窗戶也只有明信片般大小，用手掌覆蓋就完全遮住了。會有這種大小的窗戶，也一樣都是與機體強度問題有著極大的關係。

協和式客機是以2馬赫的速度來往於倫敦與巴黎、紐約之間。所以為了將速度提高，就必須在一般客機飛行的兩倍高度裡飛航。因為飛行高度越高的話，大氣密度就越薄，空氣阻力也會變小。

不過，這時機內與機外的氣壓差距也跟著變大，所以必須提升機體的強度來耐受這種壓力差。因為這些緣故，飛機胴體部分的骨架就必須更為密集，導致機艙窗戶尺寸只剩下明信片大小。

超音速客機的窗戶比一般飛機更小

從遠處即無法辨認的協和式客機的小窗戶。這種窗戶的尺寸小到只需用手遮著就可以完全蓋住。〔照片提供＝法國航空〕

　　但同為高科機飛機的波音最新款中型機787，卻是將機艙窗戶的尺寸設計成為較原來客機大上三成左右。這是因為他們將質輕強韌的碳纖維複合材料使用在飛機蒙皮上，所以可以減少桁條的數目，進而成功地簡化了客機內部的骨架構成。

　　如果是這樣大小的窗戶，一定可以讓乘客看到大不相同的美麗景色，讓人不禁萬分期待波音787型客機正式飛航的到來。

利用三重構造來確保安全

　　最後，我們再來談談客機窗戶的素材部分。

　　客機的窗戶是由一種壓克力類的樹脂所製成的，而不是玻璃。所謂的壓克力也是塑膠的一種，優點在於重量比玻璃輕，柔軟性也較佳而易於進行加工。飛機就是利用這種壓克力來製成三重構造的窗戶。

　　當客機飛行在高空時，窗戶一旦破裂，已經加壓的機內空氣就會以驚人的速度被吸出飛機外，所以窗戶破損是會造成致命性事故的。當然，一片窗戶其實就有非常高的強度，所以實際上是不需要擔心的，但是若為了萬一而將窗戶增加成三重構造，將更使人倍感安心。

　　即使一片窗戶破損，仍有其他窗戶支撐，這樣的設計構想被稱為「自動防護故障（fail-safe）」。在客機的設計上，到處都有著這種自動防護故障的概念，希望隨時都能確保空中旅行的安全。

29 為何只從左側機門上下飛機？

「請給我左側前方的通道旁座位！」

我看到有個乘客向機場的報到櫃檯提出這個要求。我知道前面的座位比起在引擎後的座位來得安靜，而且通道旁座位也比較受歡迎，但為什麼要特別指定左側呢？

這位乘客似乎因為工作繁忙而須在全世界到處奔波，所以他這麼地回答了我的問題。

「因為我想在到達機場後，盡可能地早點離開飛機啊！」

原來如此，如果想早點下飛機，左側當然會比右側來得快。因為客機一定都是從機體左側機門上下飛機的。

以船舶世界的古老習慣作為標準

客機上其實有著許多道機門的。以各家航空公司作為長途國際航線主力機型而引入的波音777-300型客機為例，左右各5道門，一共有10道機門。即使機門數量如此之多，但乘客上下飛機時卻仍然只使用左側前方的一、兩道門。連接機場航站與客機的空橋，也一定都裝在機體的左側。

這到底是為了什麼樣的原因呢？

其實飛機之所以都從左側出入，原因就在於船舶世界的古老習慣。

從前船隻都有著以左側面向港口靠岸的傳統習慣。因為船隻

右側裝有船舵，所以從右側靠岸的話就會受到舵板干擾。另外，也因為舊型的船隻會因為船槳的回轉方向影響，造成以左側靠岸較右側來得輕鬆簡單。

　　正因為這些理由，才漸漸演變成船隻都以左側朝向港口靠岸，並讓旅客和貨物都在這一邊上下。因此，稱呼船隻左側為「港口側（port side）」的習慣即使到了現在仍然持續著。

僅以飛機左側的一兩道門作為「出入口」

飛機抵達機場時，一定都是從左側前方的機門搭設空橋，這是沿襲自船舶世界的古老習慣。

機場的英文就是「空中港口」

在很長一段時間裡，船隻都在運送人員與貨物前往海外這方面扮演了極為重要的角色。之後，隨著運送旅客的主角從大海移往天空的過程，航空界也因循著古老船舶的習慣為標準。

現在，新造好的船隻也都開始裝上能左右轉動船體的艏側推器（bow thruster），所以不再絕對需要用左側來面向港口靠岸了。不過，在客機的世界當中，即使到了現在，從左側上下飛機的習慣還是一樣地持續著。

除了從飛機左側上下之外，我們還可以發現各式各樣的名稱都是從船隻的舊習而來。

像是機體稱為「ship」、機長叫做「captain」等等。不論何者都是由船舶世界學來的命名。另外，客艙稱為「cabin」、客機航班空服員稱為「cabin crew」等情況也都是相同的原因。至於機場的英文單字——「airport」，也正是空中港口之意！

每一道機門都扮演著重要的角色

不過，上下客機都只使用機體左側前方一、兩道機門的話，那其他的門不就都不需要了？

答案其實是否定的，因為每一道門都確實擁有著特別的功能。在機場登機門附近等待搭機的時間裡，大家應該都看過餐飲供應公司的車輛貨物架上升至客機門口高度的景象吧？像是要搬運飛機餐與備品時，主要都是從飛機右側的機門與後方的門口進行。下上飛機所使用的門一般都稱為「出入口門」，但相較於這個稱呼，其餘的機門就都擔任著「業務用門」的角色。

此外，機門的另一個重要用途就是作為緊急出口。因為發生

事故時，一定要在90秒鐘內將所有乘客全數疏散，所以機門與安全有著緊密的關聯性。因此，不論是哪種類型的飛機，都還是會確實配置著必要數目的機門。

✈ 機場中的「業務用門」也是忙碌萬分

雖然不是給乘客們上下飛機使用的門，但飛機上的每道門都有著明確的用途。當飛機暫停在機場停機坪時，就會有各式各樣的車輛使用各處機門來進行作業。

30 機艙的配置是如何決定的？

　　開始登機的廣播傳來後，乘客們接著會被引導通過登機門而到達機艙裡頭。在一踏入機艙內看到整齊排列的座位時，心中會瞬間湧起旅行即將展開的興奮之情！

　　不過，就算是相同的機型，機艙座位的樣式與配置還是會因航空公司的不同而有各式各樣的組成。那麼，座位數目與配置究竟是如何決定的呢？現在就讓我們來看看背後的處理情況吧！

藉由個性化座位來提升競爭力

　　客機的各類機種都是由製造公司來決定個別機型的標準座位數。以波音公司提供的資料舉例來看，可以發現投入國際航線市場的777-200型客機的標準座位數，是設定為三個艙等，詳細配置為頭等艙16席（座位間隔61吋）、商務艙58席（座位間隔39吋）、經濟艙227席（座位間隔32吋），合計共301個座位。空中巴士的機種也是以相同方式來決定基本座位數的。

　　不過，事實上，幾乎沒有任何航空公司會以這種基本的座位數來投入航空市場。一個重要原因還是來自於各家公司在每個投入路線所需要的款式都是不一樣的。如果不能減少座位數來加強舒適感，將來很容易就會被顧客逐漸淘汰。正因為這樣的危機感，所以近年來特別努力打造出極具個性化的機艙座位配置及設計的航空公司更是逐年增加。

　　商務艙在這方面的趨勢更是明顯。「每一個商務艙座位的收益等同於四個經濟艙座位」某家航空公司的幹部這麼說道，「充實商務艙的服務內容也和加強品牌形象有關，所以航空公司的競爭只會越來越激烈。」

　　也因為這個理由，所以市場上便陸陸續續誕生了超越既有常識的商務艙。

✈ 機艙展現了極具個性化的設計

即使同樣都是波音777型客機，但機艙的樣式還是因為航空公司的不同而有所差異。不斷更新更是增加了彼此競爭的激烈程度。

獨特的座位斜放配置

　　波音公司的機種則是將機艙設計成為能夠一吋吋地調整座位間隔。

　　如果是只有中間一條走道的飛機被稱為「窄體飛機」，其左右兩邊各二排座位，共計為四排；而有兩條通道的「寬體飛機」則是事先設置了左右兩邊和中央區域各兩排座位的固定用軌道。這種軌道上每隔一吋就有螺絲用的孔穴，所以能將座位前後兩個地方予以固定，以設置兩個座位併排，或是三個併排、四個併排。

　　在這種的基本樣式下，要選擇何種座位、配置成何種樣式，都是由各家航空公司自己自由決定。「能夠在商務艙等上取勝，就能獲得這場競爭的勝利。」被如此看待的商務艙，甚至出現了超越既有頭等艙的豪華座位樣式。

　　最近剛剛登場的，就是英國維京大西洋航空（Virgin Atlantic Airways）與紐西蘭航空（Air New Zealand）、加拿大航空（Air Canada）等公司所導入的商務艙座位最為特別。和飛機前進方向斜斜錯開的座位配置方式正是此種座位的特色。

越來越進化的高級艙等

　　我自己也曾在成田飛往奧克蘭的航線上，體驗到紐西蘭航空所引入的波音777型客機的新式商務艙座位。讓我印象深刻的是，這種新座椅不但備有獨立的Ottoman舒適型座椅腳凳，甚至還可以當作客人座使用，就能讓兩人面對面地用餐。

　　最近連傾倒椅背就能讓背部180度平躺的「全平躺式座位」都成了必備款式。而新加坡航空在2006年底所引進的波音777-300

型客機新款商務艙座位，座位寬度達30吋（約為76公分）、座位間隔為76吋（約為193公分），是目前業界中最大型的全平躺式座位。

相較於前面三家航空公司為了確保座位數目而將座位斜放的配置，新航的配置設計則是讓所有座位都是朝向正面的1-2-1形式，真可說是極為大膽的挑戰啊！而且在保護隱私方面的設計也頗具個性。

至於最新加入飛航的空中巴士全雙層式巨人機A380，以及波音的新式代中型機787，到底會出現什麼樣形式的座位？相信在接下來的一段時間內，各家航空公司的新款機艙相關話題應該會持續不斷吧！

✈ 翱翔在天空的餐廳

邂逅於紐西蘭航空的成田至奧克蘭航班飛機中的廣告。在波音777型客機商務艙裡，甚至可以讓兩人面對面地用餐。〔照片提供＝紐西蘭航空〕

31 降落時為何將機內燈光調暗？

下面這個情況是發生在我從岡山飛回東京的黃昏班機上。

M先生是服務於東京某家科技公司的系統工程師，和我剛好一起搭乘日本航空的班機，在隔壁座位上的M先生交談了半個小時左右，波音737-400型客機已經很快地即將抵達羽田機場。這時機艙內的照明已被關掉，窗外的東京夜景也寬廣開闊地迎面而來。不知道各位讀者們，是否知道客機起飛或是降落時，機艙照明一定會關掉變暗的真正原因？

為預防萬一，所以讓眼睛先行適應

「我很喜歡搭乘這個時間回來的班機。」M先生一邊眺望著機外的景色，一邊這麼跟我說。「東京的夜景怎麼都看不膩。而且一接近機場，空服員就會把機艙內的燈光關掉，外頭的美景更是耀眼醒目。像這樣小小的服務，真是貼心啊！」

如果有這樣的想法也是可以理解的。

不過，很遺憾的是，飛機起飛或是降落時調暗機內燈光的行為，並不是特別為乘客們所提供的服務呀！也許有些人會說那應該是為了顧慮到地面上的人們，不過這個答案還是不正確的。因為空服員之所以會將燈光照明關掉，真正的原因是為了安全。

我們在第84頁的「飛機起飛與降落時，何者比較危險？」一文中已經提過，飛機最容易發生事故的時間就是起飛前在跑道

滑行開始後的3分鐘，以及降落前的8分鐘。這兩者合計的時間被稱為「危險11分鐘」。如果在這段時間裡頭發生了任何一點點事故，空服員們都必須冷靜沉穩地讓乘客趕快疏散逃脫。

當我們從明亮的屋外回到急速變暗的室內時，常常會感到眼睛跟著變花模糊。人類的眼睛需要一點時間才能適應黑暗，所以飛機在起飛或是降落之際，事先將燈光調暗是必要的，這樣能讓空服員和乘客們逐漸適應周圍的黑暗來防備緊急的情況。

原本，一般人並沒有必要解這些業界的幕後資訊，所以我終究沒有告訴M先生這個真相。「雖然世界上有許多被讚歎為絕美夜景的景點，但認為東京獨占鰲頭的人卻意外地多呢！」我在M先生背後這麼說道，他隨即轉過頭來神情愉悅地點了點頭。

關掉機艙照明的原因為何？

飛機在降落時，只要一關掉機內照明，窗外的夜景也會變得更加耀眼醒目。

32 機艙地板下是什麼構造？

　　如果從正前方觀看，可以發現客機呈現著圓圓的雞蛋型，不過進到機艙內部後，卻發現地板其實是平坦的。試著想像一下，應該就能發現座位與通道下方有著半圓形的空間。

　　那麼，機艙的地板下又有什麼東西呢？

　　根據機種的不同，可能有些飛機是在此處搭建樓梯，或設置廁所、盥洗室、空服員休息室等空間，但一般的情況都是把地下空間做為飛機的貨艙使用。

F1 賽車等貨物都是以運輸機來運送

　　客機的剖面是雞蛋的形狀，所以機艙的地板下空間當然也是半圓形的。為了要在這個半圓型的空間當中妥善收納行李與貨物，便製造出形狀能夠符合的貨櫃。乘客在報到櫃檯所託寄的行李、郵件物品、一般貨物等均會收入此貨櫃當中，並在乘客搭機前就在機場裡頭從專用機門裝載運入飛機內部。

　　另外，無法收進貨櫃當中的大型物品同樣也可以由飛機運送。像在運送汽車與大型機械時最常見的，就是被稱為「運輸機」的貨物專用機。運輸機的外觀與一般客機並沒有什麼不同，但機內卻是空空如也的狀態。機體的前端部位大大地向上抬起，是為了讓貨物能夠搬運進來之故。四處巡迴轉戰世界各地的F1賽車，就是用這種專用貨機來運送的。

　　不過，在西元2007年春天的時候，日本中部國際機場卻飛來了一架機身圓鼓鼓的不可思議飛機。

　　這架被稱為「夢幻運輸機」（Dream-Lifter）的飛機，是為了把擔任波音新世代中型機787主要零件製造地的日本製作完成的零件，運送到美國西雅圖而特別製造組裝的機體。2007年5月，三菱重工業在名古屋工廠所製造完成的787主翼，就由夢幻運輸機首次空運到位於美國西雅圖的波音公司。往後，這架夢幻運輸機還會在美國與日本之間來回一千次以上。

夢幻運輸機

為了將波音787型飛機的完成零件從日本運至西雅圖，而專門製造出來的「夢幻運輸機」，機體的設計風格獨樹一格。

Column 該選擇窗邊或是通道旁的座位呢？

　　雖然這個問題只需用個人喜好來回答即可，但對於習慣搭乘飛機的人們來說，大多數人應該都是選擇「通道旁」的座位。這個比率大約是七比三左右。而原因就在於「離開座位的時候不會造成鄰座乘客的麻煩」這個部分。一想到去上個廁所還必須一個個地叫醒沉睡中的鄰座乘客，真的會令人猶豫再三、裹足不前。

　　不過，我本身卻是少數的窗邊座位一族。因為覺得自己不會被人打擾，且擁有可以輕鬆舒緩情緒的隱私感這一點真的是很棒。從前接受某家雜誌採訪時，也曾被問說：「想要離開座位時，就必須顧慮到隔壁客人這一點不是讓人覺得很麻煩嗎？」不過，記者一聽到我下面的回答，便忍不住笑了出來。

　　「哎呀，與其因為別人而必須起身，還是讓別人為我站起來比較好啊！你不這樣認為嗎？」

窗邊座位的優點是具有隱私感，並且能夠讓心情沉穩下來。

第 四 章
駕駛艙的常識

「起飛」對於飛行駕駛們來說，這是最為緊張的一瞬間。當機輪離開跑道的一刹那，他們心裡又有著什麼樣的感覺呢？在本章，我們將會把駕駛艙的華麗世界，介紹給夢想著有朝一日能夠成為飛行員，親自感受這種緊張感的人們。

33 如何啟動飛機的引擎？

在曳引車將飛機機體後推而漸漸離開機場航站的這段期間，機長與副機長便要開始進行啟動引擎的重要工作。

客機會根據機種的不同，而個別在主翼下方裝設兩座或是四座引擎。如果是四座引擎的大型客機，就會從飛機行進方向的右側引擎開始依照4號、3號、2號、1號的順序發動引擎。

看到啟動引擎這幾個字，可能有些人腦海中此時浮起的景象是汽車那類的通電啟動方式。不過，客機這種大型引擎在電力與扭力不足時是無法啟動的，所以客機是採用空氣驅動的發動機來進行發動。

接下來，我們就針對這個部分予以詳細的解說。

尾部孔洞的功用即在於排出熱風

不知道各位讀者們是否曾看過暫停在機場的客機從機體後方的臀部噴出熱風的景象？

這個會排出有如煙氣那種氣體的孔洞，事實上正是被稱為APU（auxiliary power unit）的輔助動力裝置的排氣口。APU可說是一座小型的噴射引擎。如果沒有這種輔助動力裝置，就無法啟動飛機主翼的主引擎。因為噴射客機的引擎是在高空飛行時，利用吸入的大量空氣來發揮功能，所以當客機停在機場呈現靜止狀態的話，就無法以自體的力量來發動。

　　幾乎所有客機的APU都是裝設在機身的最後方部位。如果要啟動噴射引擎，第一步就是先利用APU進行空氣壓縮，然後再以此壓縮空氣的力量轉動被稱為「氣動起動機」的小型傳動裝置。等到這邊開始轉動後，就可以讓主引擎跟著啟動。

　　客機的引擎若處於停止狀態，就無法供給機內所需要的電力。而APU不但可以啟動主引擎，同時還可以讓停在機坪上的飛機驅動油壓泵浦，使得飛機內部能夠供給用水，甚至它還扮演了提供電力給機艙照明和空調的角色。

輔助動力裝置 APU

啓動主引擎時所需要的輔助
動力裝置，一般都是裝設在
客機的機身後方尾部之處。

巨大引擎的強力回轉

在冬季的寒冷日子裡，飛行駕駛們會在出發的數小時前就會通上電力來啟動APU，然後一邊讓飛機內部變暖，一邊進行機體及測量儀器的檢查，同時等待著乘客們前來搭乘。

等到乘客搭機的程序結束後，就會由曳引車開始推動飛機而慢慢離開停機坪，而駕駛艙當中也會開始進行啟動引擎的作業。機長一邊和維修工作人員頻繁聯繫，然後將右手放在推力桿下方的引擎起動桿上，而副機長則是伸出左手至駕駛艙上方儀表板處打開引擎啟動開關。

✈ 引擎啟動開關

將手伸至儀表板上打開引擎啟動開關後，APU排出的高壓空氣就會傳到引擎的發動機，接著巨大的引擎就會慢慢地開始轉動。

在主引擎到達一定的轉速後，機長就會將燃料控制開關轉至「RUN」的方向。噴射燃料即被傳送至燃燒室，接著再啟動點火裝置，引擎就會進入自動運轉的狀態了。

APU完成任務後，就準備展翅高飛了

在到達某個轉速之後，副機長會關掉APU開關。因為引擎一旦開始啟動，就不再需要APU為靜止中的飛機供應電源，所以到這個階段，APU就算是完成任務了。

即使將兩座或是四座的引擎全數啟動，當飛機機體仍在停機坪範圍內時，都依然處於靜止的狀態。

接著，在地面的航空維修人員的要求下，機長會將停駐煞車（Parking brakes）打開。並將拖曳用的桿子從飛機前輪取下之後，完成任務的曳引車就會接著掉頭離開。等到地勤維修人員從機體取下電話線插頭，接著就會傳來所有解除作業均已完成的「中斷聯繫（Disconnect）」訊號。

到這裡，飛機起飛滑行（taxiing）的準備就都完成了。

接著，副機長要求開始滑行飛機，等到起飛的許可下來後，機長就會解除停駐煞車，接著右手將等同於汽車加速器踏板的推力桿稍稍地向前推出。

「我們出發了！」

在飛行駕駛對著地面上的工作人員揮手回應後，飛機的機體便靜靜地開始滑動了起來。

34 飛機起飛時的速度有多快？

　　繫上安全帶的燈號亮起後，不久飛機就開始了起飛滑行，身體也感覺好似乎被一股強大的力量推往椅背。每個搭過客機的人應該都有這樣的經驗，但此時的加速感真的是很強烈。那麼，飛機在起飛的時候，駕駛艙內的速度表是指著哪個數字呢？

　　要說明這個問題，我們就必須先了解「V1」、「VR」、「V2」這三種速度所代表的意義。接下來，我們把舞台移往駕駛艙，仔細地觀察看看吧！

以時速 300 至 500 公里的速度起飛

　　「起飛！」

　　機場塔台下了起飛許可後，機長便短促地說出了這句話。

　　這句話就是強而有力地表達「出發」之意。

　　引擎的聲音轟轟地呼嘯著，輪胎回轉壓在滑行跑道上的刺耳震動也傳到了駕駛艙。隨著速度的增加，此時若隨意移動前面的操縱桿，就會影響到升降舵作用的氣流。當機體漸漸穩定地拉高滑行速度，前方的滑行跑道也很快開始往後方飛逝而去。

　　速度表顯示的數值已經到達了「V1」速度。

　　所謂的「V1」速度，指的就是「決定起飛速度（decision speed）」。當飛機滑行速度超過V1速度後，就無法中止起飛的動作了。

起飛是最為緊張的瞬間

機長與副機長的心情專注地融合為一，馬上就要起飛了！雖然是每天的例行公事，但心裡還是非常緊張。

「這個時候的速度雖然會因飛行條件而有所不同，但V1的時速大概是在300到500公里左右。」

這麼跟我說的，是一位擁有波音777型客機機長身分的全日空飛行駕駛。

至於他所說的「飛行條件」，其實包含了飛機搭載燃料數量與乘客機組人員的機體總重量，以及當日滑行跑道上的速度等等。客機是以這些條件為基礎，然後在每一次飛行時經過綿密計算而取得所謂的「起飛速度」。

超過 V1 速度後就無法停止起飛的動作

　　「在滑行速度到達V1速度之前，如果發生任何意外狀況，還是可以強制立起飛機的擾流板，並以最大煞車力來停下移動中的機體。」波音777客機的機長繼續說道：「不過，一旦速度超過了『V1』，就無法停在滑行跑道上了。即使這時出現某座引擎故障壞掉的情況，同樣無法中止飛機起飛的動作。就算想要減速停下飛機，也會因為滑行跑道的長度有限，可能造成衝出滑行跑道盡頭的危險。所以V1速度之所以會被稱為『決定起飛速度』，就是這個原因。」

　　那麼，若超過V1速度之後卻發現有麻煩狀況發生的話，那該怎麼辦呢？

　　「飛機起飛時的規定是遇到這種情況的話，即必須判斷是否要先起飛繼續上升到高空後，再回頭返回機場。」

身體能以本能感受到「差不多飛起來了」

　　寫到這裡，對於副機長回答「V1到達！」即表示已經無法中止飛機起飛動作這一點，大家應該都已經理解了。飛機駕駛們也表示過，當速度一接近V1時，操縱桿的觸感與機體的震動情況都能讓身體本能地感覺到「差不多飛起來了」。

　　所以飛行速度從V1再繼續加速的話，就會到達拉起機首的「VR」（Rotation Speed）速度！

　　「拉起！」

　　聽到副機長的信號後，機長便將操縱桿靜靜地往前推。在這個瞬間，機鼻就會向上拉起，並在到達15度的間隔前慢慢地拉回操縱桿。這時身體所感受到的震動突然中斷，連機輪的轉動聲音

也消失不見。這就是飛機離開地面的一瞬間。

接下來，在到達「V2」的安全起飛速度後，機體就會完全離開滑行跑道成功飛起。

「起落架收起！」

副機長一邊回應機長的命令，一邊將起落架操作桿推至「UP」的位置。這時地板會傳來尖銳與碰撞的聲音，表示起落架已經完全收進來了。

飛機以一萬公尺高的高空為目標，持續緩緩上升飛進天空。

✈ 機體以 15 度的角度飛起上升

機體從滑行跑道上完全飛起後，身體所感受到的震動突然中斷，機輪轉動的聲音也消失不見了。這都是在離開地面的瞬間就能感受到的情況。

35 什麼是映式駕駛艙？

　　時速表接著高度表、垂直速率表、顯示飛行路線的水平位置指示器等等。提到客機的駕駛艙，有很長一段時間都是並列著無數的儀器與開關種類，更給人一看就覺得極為複雜的印象。

　　不過，看看波音777型客機等許多最新型的客機駕駛艙，可以發現現在的設計都變得簡單清爽許多。像是早期的巨無霸機（747）的駕駛艙還裝有五十種以上的各類儀器，但到了777機型，駕駛座前方的儀表板上就縮減至只剩下六個畫面。

　　藉由裝有LCD（液晶面板）的「映式駕駛艙」（Glass cockpit）的採用，更讓駕駛艙有了大幅度的進化。

減少儀器種類的波音 777 型客機

　　雖然液晶面板的使用已經很普遍，但在波音777型客機首次飛航的當時，進入駕駛艙參觀，看到儀器類設備大幅減少的情況時，卻是有著極為新鮮的印象。

　　早在1980年代前半，展開首次飛航的波音757、767，以及空中巴士A310等機型，就開始以畫面顯示裝置取代客機駕駛艙中原有的指針式儀器。原本當時只裝設了兩個與系統相關的警報用顯示裝置，不過之後就陸續將必要的飛行資料與飛行情報全改為數位信號並以螢幕顯示，而且駕駛座面板上並列著六個顯示畫面的駕駛艙也已成為一般的標準情況。像這種備有「EFIS（electronic flight instrument system，電子飛行儀表系統）」的駕駛艙，就被稱為「映式駕駛艙」。

藉由客機的映式駕駛艙化，現在也能夠以電腦設備來進行系統的監視管理工作。飛航駕駛們的作業量也大幅度降低，曾經包含航空工程師共有三名機師制度的大型飛機，目前的主流也變成了以駕駛與副駕駛的兩名機師制度。

雖然，針對兩名機師制度這一部分，當初也曾以安全性的觀點提出質疑，但隨著每一次實際的飛行結果的累積，也已經獲得了飛行駕駛與相關人士們的信賴。現在，製造完成的客機幾乎全都是兩名機師制度的設計。

駕駛座操作面板上並列著六個畫面

映式駕駛艙讓機師的工作大幅減輕，甚至曾是三名機師制度的大型飛機，目前大多都變成了以駕駛與副駕駛為主的兩名機師制度。

將飛行所需資料進行集中管理

映式駕駛艙所使用的畫面式顯示器的最大特徵，就是各種情報資訊都能集中顯示在螢幕上。這麼一來，曾經同時並列多達五十種的各類儀器就可大幅減少，甚至藉由各種裝置的多功能化，更讓不需要的各種開關消失在儀表板上。

而顯示裝置本身也從初期使用的單色CRT（映像管），改為現在的LCD（液晶面板）。

波音777型客機將複雜的儀器簡化成六個顯示螢幕後，飛行組員們只要看一眼，就能掌握到飛行時所有的必要資訊。

✈ LCD（液晶面板）

顯示裝置本身也從初期使用的單色CRT（映像管），改為現在的LCD（液晶面板）。其優異的辨識度讓人可以輕鬆獲取資訊。

　　「液晶螢幕不只改善了辨認度，」波音777型客機的機長這麼說道：「加上顯示設備薄型化，進而實現了輕量化及空間節省的優點，駕駛艙也跟著變大、變好用許多。而且，消耗電力的減少同時也帶來了經濟方面的效果。」

A380 上裝設有八面顯示螢幕

　　空中巴士的最新型巨人機A380也裝備有完全的映式駕駛艙。A380的駕駛艙當然也是設計成駕駛與副駕駛的兩名機師制度。相較於波音777設置了六面顯示器，A380的標準配備則是有八面，顯示螢幕的形狀也從原本常見的正方形改為縱長形，並且加上了新的資訊顯示功能。

　　例如顯示飛行姿態、速度、高度等一次飛行資料的PFD（primary flight display，主要飛航顯示器）下方，可以看到襟翼與翼縫的情況。另外，導航顯示器也追加了在既有畫面下方垂直顯示的功能。這樣就可以用三次元來顯示二次元無法掌握的飛行資料，希望讓駕駛們的狀況認知能力獲得更大的提升。

　　「更簡單、更安全」藉由積極展開新的技術與發想，駕駛艙也會持續不斷地進化下去。

36 什麼是抬頭顯示器？

　　問問國內線的飛行駕駛們，喜歡在哪個季節進行飛行任務，得到的回答大多是「春」、「秋」這兩個季節。在春天的櫻前線（譯註：日本預測各地染井吉野櫻何時開花的氣象專用虛擬線。）北上，以及秋天的紅葉前線（譯註：預測日本伊呂波楓何時染紅的虛擬線）南下這兩段期間的飛行，從高空俯視底下風景讓人盡感心曠神怡。有位機師還說，「這當中尤其以觀賞著盛開櫻花的降落著地最是美麗。」

　　稍等一下，飛機降落著地的重點階段不是都忙著檢查各式儀器，怎麼還有時間欣賞地面上的景色呢？

　　聽到我的擔心，這位飛行駕駛告訴我一件很不可思議的事情，那就是「不直接看還是可以看得到儀器啊！」

　　不直接看還是可以看得到儀器，這到底是怎麼一回事呢？

新世代機種的標準配備—— HUD

　　說出這段不可思議內容的飛行員，是擔任波音737-800型客機的駕駛工作。

　　在航空業界銷售量第一的暢銷機種波音737 當中，737-800是與737-700、737-900並列為新世代（NeXT generation）系列的新機型。以前，我曾經採訪過該型機的駕駛艙，當時印象最為深刻的就是裝在駕駛座擋風玻璃上的「HUD（head-up display，抬頭

波音737型客機的新世代機種

波音737型客機是航空業界銷售量第一的暢銷機種。其中，737-800與
737-700、737-900等新機型被並列為新世代（NeXT generation）系列。

顯示器）」這種高科技工具。

　　HUD可在駕駛艙前方玻璃上顯示出速度、高度、方位、姿態
等各式各樣的飛行資訊。飛行駕駛即使沒有將視線轉向儀表板，
還是可以保持前視狀態來飛行，所以戰鬥機從很早以前就已經引
進這項設備。

　　在客機中，波音新世代機種的737型客機也將其改為選購配
備，而且空中巴士也準備在數個機種上設為選購配備。不過，在
2008年首航的波音787型客機則已將其定為標準配備了。

減輕移動視線的負擔

　　另一方面，客機也逐漸開發出能夠不看外面仍可只用儀器來飛行的技術。而第144頁所介紹的映式駕駛艙就是已經誕生的成果之一。

　　不過，雖說目前能夠只以儀器來飛行，但在飛機降落著地等最終階段，由飛行駕駛們親自目視確認跑道狀況還是最基本的。

　　在這一部分，則是有不少機師表示，可視線對外且同時能夠確認儀器數值的HUD正是其中效果頗佳的工具。

抬頭顯示器

延伸至駕駛座前面下方處的玻璃板，是能夠同時顯示及映照著儀器類資訊與窗外景色的抬頭顯示器。

「降落著陸的時候，腦海裡總是想著要怎麼看到前方迎面而來的跑道，結果只好不斷將視線轉向時速表、高度表、引擎推力計等各種測量儀器上，」波音737-800的駕駛又繼續說道：「因為測量儀器上所顯示的數值會不斷改變，所以不可能只去留意單一的數據資料，一定要持續在儀器之間不斷改變視線焦點，並且在出現異常數值時就立刻進行微調，以重新修正飛行的姿態。而HUD的出現，確實減輕了這種瞬間移動視線的負擔。」

也能夠支援惡劣天氣的降落著陸

在我採訪的波音737-800型客機剛剛納入的簇新駕駛艙中，從天花板向下延伸至駕駛座前方的玻璃板上，就清楚地同時顯示及映照出儀器類的資訊及窗外的景色。

利用紅外線攝影機對行進方向上之障礙物進行檢測的裝備一旦實用化，就能將這樣的紅外線影像顯示在HUD上，並在飛機須於夜間或是天氣惡劣之際降落著陸時給予支援輔助，如此應能更為減輕機師們的負擔。對於新世代的客機駕駛艙而言，HUD應該已經成為一個不可或缺的工具了。

不過，當我詢問737-800的駕駛，他最推薦在何處從客艙窗戶俯瞰櫻花美景？

「雖然是我的個人喜好，不過我還是推薦福岡、青森、函館等地區。另外，東京地區的櫻花一到滿開季節也是非常漂亮喔！」

37 飛機如何改變飛行方位？

　　請大家觀察一下鳥類飛行的姿態，就可以看到當鳥類想要改變飛行方位時，都會鼓起雙翼，並將身體傾往左右某個方向，然後劃出小小弧線後即能改變飛行方向。

　　飛行中的客機改變方向時的動作也是完全一樣。在日文中，飛機於高空中描出圓弧而改變方向的動作被稱為「旋回」，但是這個動作卻需要機師在駕駛艙裡作出幾個協調平衡的操作才能達成。

　　那麼，我們就來研究一下駕駛艙吧！

垂直尾翼上的方向舵與主翼的副翼

　　進入狹窄的駕駛艙後，就可以看到駕駛座腳邊的方向舵踏板（ladder pedal）。這個踏板是用來讓飛機垂直尾翼上的方向舵產生動作，通常是想要讓飛行於高空中的機體改變方位時使用。

　　踩上左側踏板的話，方向舵就會向左（以飛機前進方向為準）傾斜，客機的機首也跟著往左。相反地，如果將方向舵改為向右，機首也會跟著向右。首先就是要改變機體的方位。

　　不過，若只是踩下方向舵踏板是還不至於讓機體轉彎。即使藉由方向舵的操作來改變機首方位，還是需要花上好長一段時間才能讓整架機身完全改變方向。所以，這時便由裝置在主翼上的副翼扮演了輔助的角色。

　　如果操作駕駛座前的操縱桿，副翼就會啟動動作。副翼是裝設在左右主翼後緣的動翼（moving surface），其動作方向為上下動作。

　　當飛機在飛行中壓下右主翼的副翼時，相反方向的左主翼的副翼也會跟著自動上升。這時，壓下副翼的右主翼就會增加升力，使得機翼向上抬起，而另一邊已抬高副翼的左主翼就會因為升力減少而被往下拉。這麼一來，飛機機體就會往朝下的左側傾斜，並以空中滑行的方式繼續移動。

✈ 方向舵踏板與操縱桿

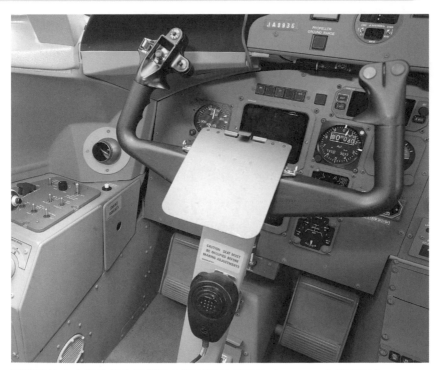

以腳邊的方向舵踏板和操縱桿來對副翼與升降舵（elevator）進行操作。

以 30 度的最大傾斜角度來轉彎

客機只要將利用方向舵改變機首方位，以及利用副翼向旁滑行移動這二者結合起來，就能夠讓飛機左右轉彎了。而機體傾斜的角度則是稱為「傾斜角（bank angle）」，只要傾斜角度越大，飛機的回轉半徑就越小。

只是，如果讓飛機的傾斜角過大，就會對機體產生負荷而成為失速的原因，所以要特別注意。如果是戰鬥機的話，則是能夠以90度的傾斜角度進行垂直轉彎，或是以超過90度的方式來進行後背飛行（inverted flight）。只要到各地的航空秀會場，就可以看到精采的特技飛行在許多觀眾面前展出。不過，客機可是無法做出這種特技動作啊！

理論上，客機的設計是足以負荷60度以上的傾斜角度，但在飛航規定裡，要求客機於實際飛行時只能以最大至30度的角度來進行轉彎。

利用三個舵來控制方向

能夠改變客機行進方向的裝置還有一個，就是裝在水平尾翼上被稱為升降舵的動翼。

相對於垂直尾翼方向舵的左右擺動功能，水平尾翼上的升降舵則是上下擺動。在飛機飛行中將升降舵向上操作的話，機首就會跟著向上升；動作相反時，機首就會向下。也就是說，升降舵的角色就是用來控制機體上升或是下降。

到這裡，大家應該都能理解客機改變飛行方位（方向、高度）的機制了吧。為了讓機體傾斜，就要傾推操縱桿來使副翼開始動作，當機首抬起而上升時，推動操縱桿讓升降舵啟動，然

後再用腳部來操作方向舵，讓飛機能夠取得協調轉彎。使用兩手兩腳來控制客機的駕駛工作，真是越詳細了解就越覺得複雜辛苦。

　　為了要想能夠靈活操作主翼的副翼、垂直尾翼的方向舵、水平尾翼的升降舵等三種「舵」，並如同鳥類一樣自由飛翔在天空中，飛行員們就要時常接受反覆的嚴格訓練。

✈ 回轉半徑與傾斜角

以適當傾斜角轉彎中的波音747客機。傾斜角的角度越大，回轉半徑就越小。〔照片提供＝英國航空〕

大家應該都聽過「自動駕駛（autopilot）」這個名詞吧！就如同字面所顯示的，所謂的「自動駕駛」就是不必由飛行員親自駕駛，客機即可自動操作至目的地為止的一種系統。

近年來，隨著電腦技術的驚人發展，能夠交由自動駕駛操作的範圍也跟著大幅擴展。現在，只要飛機的起飛動作一結束，之後從上升至水平飛行、進入目的地機場為止，全部都可交由自動駕駛來執行。

利用電腦來引導客機

雖然叫做「自動駕駛」，但並不是用機器人取代人類坐在駕駛艙中來控制飛機。

所謂的「自動駕駛」是指綜合了「APS（Automatic Program control System，自動程序控制系統）」、「INS（inertial navigational system，慣性導航系統）」、「ATS（auto throttle system，自動油門系統）」、「ILS（instrument landing system，儀器降落導航系統）」、「ALS（automatic landing system，自動著陸系統）」等系統的功能，正式的名稱為「AFCS（Automatic Flight Control System，自動飛行控制系統）」。

APS是由儀器來掌握飛機的飛行狀態。電腦本身會隨著機體傾斜等姿態來控制飛機，同時也與INS有所連動。是可以將飛機

從事先排定的飛行航線引導到達目的地的系統。

近年來，藉由使用雷射光線的雷射陀螺儀（Laser gyroscope），以及因為車用導航而為人熟知的GPS來進行客機目前飛行位置的搜尋，準確度也變得越來越高，所以也就能正確地沿著事先排定的飛行航線飛行了。

同時每一天的飛行都能夠從飛行時間與消耗燃料計算出當天最適合的飛行航線，所以就可以正確地飛在航線上，當然在經濟方面也會帶來大幅度的提升。

像兩架客機飛行在高空中的相同航線上，各自以不同的高度交錯而過的情況，在從前卻是一定要左右兩邊隔出距離來。自從客機搭載最新型的自動駕駛系統後，兩架飛機在正上方與正下方交錯而過的情況也變多了。這正是自動駕駛能夠確實引導客機飛行的證據。

✈ 自動駕駛

飛機以自動駕駛飛行時，正在檢查飛行航線的機長。最新的自動駕駛已獲得飛行駕駛們的深刻信賴。現在的電腦已能夠引導客機順著事先排定的航線飛行至目的地。

從上升到水平飛行、著陸

如果事先設定好駕駛艙中的變速器，飛機為了維持一定的速度，就會自行推動推力桿來調整推力，這就是ATS的功能。ATS還有另一項功能是，只要一接近目的地的機場，飛機就會下降到一定高度。所以為了要降低速度便會自行減低推力。利用電腦來代為執行推力的控制，可大幅減輕飛行人員的作業量，甚至必要情況還可以讓自動駕駛執行著陸的任務。

自動駕駛甚至能夠完成自動降落

雖然很少機師會將飛機最終著地降落前的任務全都交給機械執行，但自動駕駛在理論上已經能夠控制自動降落了。

最後，支援自動著陸的則是ALS，從進入目的地機場至降落於跑道上這段期間的操作都可由這個系統來執行。雖然使用既有的INS，就能讓飛機在惡劣氣候或是視線不良的情況下能夠執行進入機場且降落於滑行跑道上著陸為止的動作，但只有最後階段的降落著陸仍然必須由駕駛機師依賴目視來手動操作。藉著搭載與APS、INS、ATS、ILS等系統有著緊密關聯的ALS，最新型的客機甚至已經實現了上升至水平飛行、下降、降落著陸等等一連串的自動化。

客機不會有無人駕駛的情況

如果科技持續進步下去，是否遲早有一天會連起飛都可以由自動駕駛代勞，客機的駕駛艙內甚至變成「無人化」呢？

在軍事目的這方面，倒是已經出現了利用「無人偵察機」等飛機飛越爭議地點上空的例子。但是，民間飛機如果要以駕駛艙中沒有飛行員的機體來飛行的話，那是不可能的。在航空器大型製造商與各家航空公司之間有這種想法的還是佔多數。不論客機的技術多麼進步，機體與操作系統發生無法預期狀況的可能性仍不會是零。

即使把操控飛機完全委交給電腦，監視電腦系統的畢竟還是人類的眼睛。而且將決定好的飛行計畫資料輸入電腦的也是飛行人員的工作，而且他們也常會因為天氣有了劇烈改變，而需要再次修正飛行計畫。

我們在前面已經提到，自動駕駛的進化雖然已經能執行自動降落，但是在實際的飛行過程中，應該是沒有機師會將飛機從進入機場開始，再到最終落地為止的程序都交由自動駕駛代為執行吧。

39 如何成為航空公司的機師？

　　機長將推力桿向前推出，引擎發出的轟鳴聲漸漸升高，轉速也開始增加。機輪煞車放開後，客機的機體便無聲且強而有力地滑動了起來。

　　「起飛」是對飛行駕駛們來說最為緊張的一瞬間。許多人也曾經懷抱過一個夢想，就是想要成為航空公司的機師，親自感受一下相同的緊張感。

　　在日本，如果想要成為航空公司的機師，大致有兩種方式。

約有四成是航空大學的畢業生

　　成為航空公司機師的途徑之一，就是從航空大學（日本宮崎縣宮崎市）畢業，並以飛行員身分進入航空公司的方法。

　　航空大學的研讀期間為兩年四個月。以航空公司機師為目標的飛行機操縱科學生會在4月、8月、12月這三個時間分別入學，並先到宮崎校區接受8個月期間的學科教育訓練。之後轉到帶廣校區以Beechcraft Bonanza A36這種單渦輪螺旋槳飛機來進行飛行訓練。以四個月的時間來鑽研相當於私人用駕駛執照的技巧。

　　接下來的八個月，會再次回到宮崎校區研讀飛行課程。和帶廣校區相同，這裡也使用Bonanza飛機來訓練，以培養出作為專業機師所需的更深入的高度技巧與判斷力。接下來，去到仙台學區學習成為航空公司機師所需的高複雜度操作方式與儀器飛行

（instrument flight）的訓練就是最終課程了。

　　同時還會使用Beechcraft C90A King Air這種雙渦輪螺旋槳飛機來進行為期八個月的訓練。

　　現在，活躍於日本航空與全日本航空的日籍機師數目大約為五仟人。據說其中約有四成是來自航空大學的畢業生。最近，希望前往亞洲及歐美國家等海外航空公司就職的人數也逐漸在增加當中。

　　航空大學的入學資格為25歲以下，且已修滿大學2年級課程的有志青年，「招募要點」請參考該所大學刊登在網頁上的資訊。（www.kouku-dai.ac.jp）

飛行模擬機

位於新加坡航空總公司空服員訓練設施的波音777型客機飛行模擬機（flight simulator）。各家航空公司都會以這樣的器材來進行飛行員的教育培養。

日本航空與新日本航空的「公司自訓課程」

　　另外一個成為航空公司機師的途徑，就是參加日本航空與全日本航空採用大學畢業社員，並獨立培養成飛行員的系統，也就是參加「公司自訓機師」招募的方法。

　　日本航空的情況是社員大學畢業進入公司後，須在東京與美國納帕等地接受為期大約四年的基礎訓練課程，以取得專業用操縱士技能證明、航空無線通信士等資格。之後再以副機師的身分開始飛行任務。另一方面，全日本航空則是進行一年半的基礎訓練後，再展開一年左右的副機師升格訓練，以取得公司內部的副機師資格。

✈ 練習的景象

飛行模擬機練習的景象。新手飛行員會跟著教官接受極為嚴格的訓練。

日本航空再度開始機師訓練生招募已經過了二十年，這段期間已經訓練出六百名左右的機師飛到世界各地的天空中。至於從1988年再度展開公司自訓機師制度的全日本航空，同樣也有大約四百名的飛機駕駛學畢投入就業市場。

目前也已開始採用持有執照人士

除了以上這兩種方法以外，最近也出現了新的途徑。就是先自力取得操縱士執照（專業用・儀器飛行證明），之後再被航空公司採用為飛行工作人員的方法。而聯結地方航線的航空公司也開始以「一般招募」的形式來採用已經持有執照人士。

不管是選擇哪一條途徑，想要成為航空公司機師的話，就要有一進入公司後就必須面對更為嚴格訓練的心理準備。

雖然飛行員的執照終生有效，但是機長與副機師每一年都要定期接受航線審查。與被稱為「檢查員（checker）」的監考官飛行員一同駕機進行實際的航線飛行，藉以審查飛行技能與知識。這些平日已經習慣熟練的航線最忌諱輕忽不小心。而且有時一部分機場系統會在一年的時間內出現改變，或是無法回答檢查員的問題、或是駕駛操縱飛機的技巧不佳等情形，都是無法合格的。像這類情況都需要再度進行研習訓練來加以改正。

雖然這是個非常嚴格的世界，但是勇敢面對如此的嚴格挑戰，更能讓每一個人實際感受到飛翔在廣大天空中的喜悅吧！曾經，有許多飛行駕駛們都是這麼跟我描述那樣的美好。

40 駕駛艙的窗戶是開著的嗎？

　　飛機在高空中飛行時，如果出現窗戶的破損，可真是一件危險的事情。我們在第118頁的「客機的窗戶尺寸為何這麼小？」一文中曾經寫道，飛機窗戶一旦破損，就會讓已增壓的機內空氣被急速吸到機外去。所以，飛機窗戶便被製成堅固耐用的三層構造，當然也無法隨意開關。

兼有逃生口功能的滑動式開關

　　為了確保飛行駕駛前方與兩側的視線區域，駕駛艙總共裝設了六扇（因機種而異，有些甚至更多）被稱為風擋（windshield）的窗戶。

　　機艙中有二個駕駛座，面對機長側（左邊的位子）的窗戶稱為「L1 窗」，其餘則向左沿序為「L2」、「L3」。同樣的，面對副機長駕駛座（右邊的位子）的右側窗戶，則是依序稱呼為「R1」、「R2」、「R3」。在這六扇窗戶中，波音777與767、737等型的機種，都是可用滑動方式來開關「L2」、「R2」這兩個窗戶。這兩扇能夠以滑動方式開啟的窗戶，即被稱為「滑動窗（sliding window）」。

　　為何駕駛艙的窗戶要設計成能夠開啟呢？像是波音747的巨無霸機這類機型的窗戶也是無法開關的，並不是所有窗戶都非得要打開不可。這些窗戶原則上是用來作為飛行駕駛的逃生口，但

波音 767 型客機的駕駛艙窗戶

波音767型客機的駕駛艙窗戶當中，編號L2與R2可以用滑動的方式來開關。

除此之外，某些情況是當搭載政府要員訪問各國時，國旗會從抵達後滑行於陸地上的飛機窗口中伸展飄揚。

　　維護人員們也曾覺得這些窗戶非常方便。為了避免髒污防礙駕駛員的視線範圍，飛機的窗戶就必須事前擦拭乾淨。常常在保養整理的現場聽到有人說：「如果是能夠開窗的機種，只要從這些窗戶伸出身體來擦拭玻璃就可以了，真是非常便利。」

　　此外，機長與副機長座位正前方的L1與R1兩扇窗戶，則是裝了與汽車相同的雨刷，並在地面上滑動與起飛或降落時使用。窗戶內除了裝有去除污漬的洗淨液體之外，也預先埋入了能夠去霧的透明導電性薄膜，以確保窗戶視線情況能夠隨時都很良好。

41 為何正、副機長的餐點不一樣？

「您要選擇牛肉？還是雞肉呢？」進餐服務的時間一到，空服員便忙著到處詢問乘客的用餐意願，但最近的飛機餐品質已經提升不少，實在讓人猶豫再三、難以抉擇啊！甚至高級艙等裡還加入了日式料理的餐點，選擇餐點可就變得難上加難了。

雖然駕駛艙的用餐種類大致與客艙相同，但是機長與副機長在選擇餐點時，其實有個小小的「限制」。

發生緊急情況時，可以互相協助

這個所謂的「限制」，就是航空業界有著機長與副機長不能進食相同餐點的慣例，甚至已變成了一定要各自選擇不同種類餐點的嚴格規定。

「因為機長與副機長身分不同，所以副機長想要選擇相同餐點的話，再等個十年吧！」當然不是這種身分差別的原因啦！真正的理由是為了預防食物中毒。

一到夏季時節，媒體就時常充斥著集體食物中毒的新聞。某些臨海的學校，甚至出現孩子們一起腹痛病倒的情況。如果進餐的內容都一樣，集體中毒也就沒什麼好奇怪了。

不過，如果機長與副機長在飛機飛行中一起倒下的話，就沒有人能進行駕駛了。所以，飛行時絕對要避免手握操縱桿的兩人同時因為食物中毒而病倒。

　　當然，在製造飛機餐時，專業的餐飲製作公司也是希望在安全衛生方面能夠萬無一失，但是如果萬一還是發生緊急情況，即使有一個人身體出現不適，剩下的那個人還是可以繼續駕駛。所以飛機上才有選擇不同餐點個別進餐的規定。

　　也就是說，當機長選擇日式餐點時，副機長就必然選擇西式餐點或是其他種類。「點餐的優先權還歸於機長嗎？」我曾經問過某位年輕的副機長這個問題，他倒是笑著回答說：

　　「因人而異啦！若問機長，『客艙空服員在詢問用餐內容，請問機長想點什麼？』有些客氣的機長還會回答說：『你先選喜歡的吧！』當然啦，也不是聽到這麼說就馬上回答：『是喔，這樣啊！』終究還是會多所顧慮，畢竟他們都是優秀的資深前輩啊！」

✈ 品質大幅提升的飛機餐

雞肉、牛肉、日式餐點，不論哪道餐點看起來都美味誘人。不知道機長與副機長兩人，是誰擁有選擇餐點的優先權呢？〔照片提供＝大陸航空〕

(Column) 頭等艙的最佳服務

在我從前採訪過的機場設施當中，能夠稱得上是「最佳服務」的地方，應該就是德國漢莎航空在樞紐地——德國法蘭克福機場所開設的「頭等艙專用機場航站與貴賓室」。

在入口，不但會有專門的管理員會前來迎接，甚至開車前來的旅客，也能將車子保管在停車場直至回國為止。另外，安全檢查和出國審查也都會在此棟建築物內完成。到前去搭機的這段時間，也都能在此自由行動。即使去到餐廳，不論點哪道菜，優異的主廚也都能為客人烹調處理。最後還會以高級車將客人送到搭乘飛機的正下方處登上飛機。

「因為頭等艙所需付出的費用比經濟艙高上10到15倍，所以一定要提供這樣的服務才行。」這就是德國漢莎航空的想法。2007年8月，在這家航空公司的另一個樞紐地——慕尼黑機場裡頭，也正式啟用了相同規格的頭等艙貴賓室。

以保時捷Cayenne多功能休旅車將乘客從貴賓室接送至所搭乘的飛機處。〔照片提供＝德國漢莎航空（Deutsche Lufthansa AG）〕

第 五 章

機場與維修
的常識

機場，是人們使用飛機時的必
到之處。所以我們可以在此處
看到各式各樣人們四處活躍的
景象，就像是地面工作人員操
作著特殊車輛、維修人員在飛
行任務的空檔裡仔細檢查機體
等等。在本章，我們將會列舉
出許多與機場和維修相關的各
種問題。

42 為什麼客機需要車子來推動？

　　機長在眼前的測量儀表上確認了客艙所有機門都已調整到「關」的位置上。不久後，一位空服員也來到駕駛艙報告「客艙狀況都已經OK」。此刻，所有的出發準備都已經完成了。

　　機長利用對講機（interphone）要求隨時都在地面上待機的「大力士」開始進行「後推（push back）」的動作，並將停駐煞車給解除。當副機長打開飛機在地面行走時規定的防撞燈後，機體便被地面上的「大力士」給往後推著，開始慢慢地動了起來。

　　咦？這個「大力士」是什麼？我們就來仔細地說明吧！

飛機無法自己後退

　　從停機坪出發前往跑道的滑行道上，客機都是利用與飛行時相同的噴射引擎推力來讓自己滑行。飛機輪胎並未展開傳動，只是單純地空轉。引擎轉速被控制在最低程度，幾乎都是以慢車速度的狀態來行動，同時還會利用煞車控制速度來慢慢地前進。

　　上面所說的這些狀況，大家發現問題了嗎？那就是飛機是無法以自身力量後退。近來，各種客機為了讓乘客能夠容易上下飛機，所以機首都是朝著航站的方向前進而停在機坪上。如果是這種情況的話，飛機在出發的時候又要怎麼後退呢？

　　在這個時候派上用場的，就是隨時在地面上等候命令的曳引車，也就是被稱為「大力士」的特殊車輛。

　　在每座機場裡，隨時都會有能將200噸、300噸客機輕輕鬆鬆推著跑的曳引車在一旁待命。這種車子會利用車子前方伸出的牽引用桿子裝在機體的前輪上，當機長發出後推的命令後，機體就會被曳引車推著，朝向後方慢慢地動了起來。

✈ 曳引車

輕輕鬆鬆就能將200噸、300噸的客機推著跑的曳引車，能夠將客機機體往後推。

協助飛行的各種特殊車輛

除了曳引車以外，機場裡頭還有著各式各樣的特殊車輛在進行著工作。下面我們就來介紹最具代表性的幾種。

當客機到達目的地的機場後，最先開始移動的就是為了讓乘客走下飛機而裝設在機門的登機扶梯車（passenger step car）。接著，機體的機身部位也展開了卸下堆疊貨物與乘客託運行李的作業。從機身下側貨艙卸下大型貨櫃與貨盤的則是貨物裝載車（cargo loader），裝設在這種車子上的貨物起重機可以靈活地將貨櫃卸到地面上。同樣的，從飛機機身後方貨艙卸下乘客行李的帶式裝載機（belt loader）也是很活躍的車子。藉由寬幅的橡膠製皮帶轉動後，就可以將行李一個個地裝卸到地面。

利用上述這些車輛所裝卸的貨物與行李接著就被裝上貨櫃拖車載往機場航站。數個貨櫃連在一起繞著機場移動的景象，簡直就像是一列並排行進的花嘴鴨親子隊伍。

化學消防車與除雪車都會在一旁待命

接下來會靠近飛機的是為下次飛行而補給燃料的「燃油加油車」，以及供給電源的地面電源車（GPU）等等。另外，提供清水的「清水車」，與提供機內乘客餐飲服務的「航餐車（catering truck）」同時間也開始進行作業。

除了這些車輛，機場裡頭還有著特殊的「化學消防車」也會在一旁待命。因為飛機上積存著大量的燃料，一旦發生火災且無法迅速滅火的話，就會發生驚人的事故。所以化學消防車與一般消防車並不相同，它的特色在於車子裝備了能夠在短時間內釋放出來的大量水分與滅火藥劑。

　　另外，我們也可以在寒冬時節見到清除飛機主翼積雪的除雪車也極為活躍。前去機場參觀這些少見的車輛工作景象也是一大樂事。

　　現在，飛機出發的準備一切已經就緒，「大力士」——曳引車再次出動。被曳引車推到滑行道上的客機以自身力量開始滑行，在許多機場工作人員的目送下，飛機便朝著目的地飛去。

✈ 只有在機場才能見到的車輛

機場裡頭也常常見到登機扶梯車與貨櫃拖車的身影到處穿梭。

43 誰來指揮客機行進？

　　順利降落在跑道上的客機將速度降低到最低限度後，慢慢地朝著機場航站前行移動。依照引導人員傳送的信號，飛機前輪順著劃在地面的引導線準確地前進，不久後便到達指定的位置上很快地停了下來。

　　這是我們在機場一定能夠看到的尋常風景。執行這項引導工作的，就是機場地勤工作人員中的地面引導員（marshaller）。

　　「看到飛機按照自己所指示的信號順利地引導至停機坪上，那種和飛機機體成為一體的感覺是最棒的事情了。」

　　一位手裡拿著信號板（paddle）的年輕引導員這麼說道。

　　那麼，接下來我們仔細來了解這個工作吧！

地面引導員是機場的明星

　　在機場地勤工作人員的業務當中，地面引導員是明星職種之一。只要看到他們手裡握著信號板，將抵達機場的客機從跑道引導移向停機坪的樣子，就能夠理解這項工作的確需要特殊技能。

　　「要一個人單獨操作的話，至少須經過半年以上的時間。」

　　這麼說的是我在羽田機場認識的年輕引導員。擔任日系航空公司地面作業工作的他，除了這項工作以外，也有著其他各式各樣機場工作的經驗。

　　「像是將貨物與手持行李貨櫃裝上飛機的作業、出發時將

飛機機體後推的曳引作業、旅客登機空橋（Passenger boarding bridge）的裝置卸除作業等等，全都是很棒的經驗。工作業務所需的技術都是從公司前輩們那學來的，但是地面引導員的工作卻是花上我許多時間才能熟練。」

除了必備的信號板基本動作之外，掌握與實機之間間隔的訓練也是必要的。因此，他們都以實際的車子來進行訓練。

「雖然客機和車子的大小及速度大不相同，但是利用車子來進行訓練的話，卻在培養實際站在機場客機前面的感覺這方面有著令人極為意外的良好效果。所以我們每天都會利用工作空檔來進行這種訓練。」

引導機體的專家

以自己腦海中所描繪的線來引導客機。

引導客機前進的方式

　　在機場的工作現場，可見到引導員站在信號車所附高台上拿著信號板揮舞著。台子高度最高達四公尺，即使是颱風下雨的天氣，也要站穩腳步，朝著面前的客機傳送著正確的信號。

　　接著我們將針對地面引導員所教導的基本動作來進行解說。

基本中的基本動作

兩腕向上舉高的信號指的是「看這裡，開始引導至停機坪」。將手腕在頭上交叉的話，就是「停下來」的指示。

　　首先，將拿著信號板的兩手向上舉起，這個信號指的是「看這裡，開始引導至停機坪」。接著將高舉的兩手從手肘部位朝向內側彎曲的話，就是「向前直行」的意思。以右手指向斜下方，而朝著斜上方高舉的左手從手肘開始向內側揮動，就是要求「向左」，當姿勢反過來時就是「向右」的信號。至於「降低速度」的指示，則是稍稍向外展開且下垂的兩腕以肩膀為起點上下揮動就可以了。當想讓飛機「停下來」時，就要將手腕在頭上交叉來傳送信號。

女性地面引導員的加入

　　以上都是地面引導員基本動作的一些例子，但要能在現場正確無誤地執行各種動作，確實是需要相當的訓練。

　　「來到現場工作已經有一年的時間了，但每一次的工作還是會一直緊張。」這位年輕的引導員繼續說道。

　　「第一次擔任地面引導員的時候，有兩個公司的前輩很擔心地在旁邊看著，但自己還是因為太過不安與緊張，導致整個腦海一片空白。」

　　他還表示，當飛機精準地停在停止線上，接著耳裡傳來同事們所說的「辛苦了」的聲音時，那是一種沒有任何事情可以比擬的喜悅。

　　在擔任這種工作的人們當中，會表示「自己從小最喜歡飛機，所以夢想就是在機場工作」的人其實不在少數。雖然乍看之下似乎是由男性獨占鰲頭的職場，但近年來也讓人開始注意到已有女性在此進出工作了。現在，在許多機場裡，都可以見到女性引導員的活躍身影了。

44 為什麼機場跑道上有數字？

一離開機場航站後，飛機就緩緩地往滑行道前進，並停在跑道盡頭等待著，現在只需等塔台下達起飛許可的指令即可。

不過，不知道大家有沒有看到跑道末端上標著兩位數的數字和英文字母？以羽田機場為例，三條跑道上的兩端各自標記著「34L」、「34R」、「16L」、「16R」、「22」、「04」等情形。這個數字其實就是用來表示每條跑道各自朝往著哪個方位。

起飛降落都是利用自然風

客機一般都是利用逆風來起飛降落的。雖然之前常提到「順風飛行比較有效率」，但這是指在巡航高度的情況。當飛機起飛或是降落之際，為了安全之故需盡量降低速度才是比較好的。如果從正面迎向自然風的話，就可以用較慢的速度來進行起飛與降落的動作。

在機場的跑道上，會以順時鐘方向來標記正北360、正南180的方位。東邊則是090，西邊為270，東北是045。這種用三個數字顯示所有方向的標記方式，是沿用自使用於船舶上的方法。

在建設新機場的時候，並不是只把土地準備好就可以開始建設了。在開始建設之前，徹底調查機場四周風向的作業是絕對必要的。因為客機是機翼受風而產生升力，所以從正面吹著逆風是最好的。

機場跑道上的數字與字母

在跑道的頂端會標示著兩位數字和字母，就是表示跑道所面對的方向。

接著在進行機場的建設期間，也要花上數年的時間取得縝密的數據，然後朝著此區域最常吹拂逆風處整理出跑道。

有個機場相關人員這麼說道：「建設新機場時，至少要花三年的時間來調查風向等條件。即使以一年時間來調查，也只能捕捉到平均風向的大概情況。而且在日本，還有著『春一番』（譯註：初春所刮的強南風，表示春天即將來臨。）這樣的風，所以每個季節的特性資料也必須確實掌握，才能進行機場的建設計畫。」

從正北向西邊傾 20 度的「跑道 34」

前往羽田機場與成田機場時，就可以實際看到標示著「34」與「16」的跑道。這是表示方位的三位數字（角度）的前兩個數字，「34」指的是340度的方向，也就是代表著這是一條從飛機看出去由正北向西邊傾20度的跑道。

這條「34」跑道如果從相反方向朝著南南東使用的話，就變成了「16」。只要事先知道這個規定，不論是誰在哪一條跑道上朝著哪個方向，都能夠輕鬆了解狀況。

在日本列島上，一到冬季時分就會吹起強烈的西北季風。為了不要承受這種季風的側風，故而日本的機場多是配置西北往東南方向的跑道。至於羽田機場與成田機場的跑道雖是從「34」朝向「16」，但卻稍稍延伸偏往南北向的情況又是什麼原因呢？在詢問過相關人士後，他們的回答是「因為到了夏季會因為高氣壓的影響而使得吹南風的日子較多，所以將此狀況納入考慮之後才決定了這樣的方位。」

大型國際機場也備有側風對策

即使如此地仔細調查風向後再興建機場，機場的風向也不是百分之百固定的。人類是無法控制自然力量的，而且有些日子還會吹著不適合客機起飛降落的側風。

像是羽田機場，除了一般日子使用的A跑道與C跑道之外，還準備了應付側風狀況的B跑道。相較於A跑道與C跑道都是由「34」朝往「16」的方向，B跑道則是由「22」朝著「04」方向伸展而去。

另外，至於如同A跑道與C跑道那樣相同方向並行前進的跑

道，則是會在數字旁邊加上「L」與「R」的字母來加以區別，並分別以L表示左側（left）的跑道；R表示右側（right）的跑道。

怎麼樣？大家在搭機飛行的時候，也可以試著確認看看飛機所使用跑道的數字，還有客機是朝著哪個方向而起飛的。相信空中旅行的樂趣或多或少都會變得更為廣闊才對！

利用逆風進行起飛與降落的效率比較好

客機都是利用逆風來起飛。

45 建造海上機場的好處？

　　從羽田飛往關西機場的飛機都會在大阪灣上慢慢盤旋後，再開始朝著浮在海面上的關西機場一點點地降低飛行高度。如果從高空鳥瞰，就能重新感受到關西機場確實是建設在海面上的機場。從2007年8月的第二條跑道開始運作共用後，關西機場也就跟著成為了一座「全天營業的機場」。

大型浮體建築

身為島國的日本，從很早以前就針對活用於人工島建設的大型浮體建築（Mega-Float）技術致力進行開發。

如果提到日本的海上機場，另外還有2005年2月啟用的中部國際機場，其位置就在愛知縣知多半島出海處的海面上。除此之外，還包括有長崎機場、神戶機場、新北九州機場等機場，身為島國的日本有著不少的海上機場。

日本的大型浮體建築技術為世界的領導者

在海面上建設新機場的首要理由，就是為了解決噪音問題。

如果機場蓋在海面上，客機在一天二十四小時的期間都可任意起飛、降落，完全不會造成噪音問題。全天都能使用跑道運行，除了可增加從國外飛抵本地的班機數目，同時也能讓從日本出發前往海外的旅行變得更加方便。加上如果能夠能讓貨機和客機在航班較少的夜間飛行，也能期待巨大的經濟效益。

若想在國土狹小的日本選擇大都市附近建造新機場，是很難找到適合的土地的。這一點也是新機場之所以會蓋在海面上的原因之一。綜合以上這些因素，日本才會選擇以大型鋼鐵公司為主來建設人工島，並從很早以前就針對將機場蓋在大型浮體建築上的技術積極進行開發。日本在海洋開發技術這一部分，的確較世界各國有著極大幅度的領先。

當四周都是海面時，起飛降落也都會變得輕鬆

日本第一座海上機場這個問題的答案就是長崎機場。而且長崎機場並不僅僅是日本首座的海上機場，它同時也是世界上的首座海上機場。

於1975年啟用的長崎機場，是利用浮在大村灣的島嶼以及在

四周進行人工填土後所建設完成的。聽說為了親眼一睹客機從大海彼端飛來並降落在海上漂浮小島的景象，在機場啟用的當時，連日聚集了許多從週邊區域蜂擁而來的孩童和愛好者。

另外，在海面上建造滑行跑道也大大受到駕駛客機的航空駕駛們的熱烈歡迎。

某位日本國內航線的機長這麼說道：「在各地的海上機場進行起飛或是降落的動作都很容易，因為機場周邊都是大海，所以沒有任何遮擋視線範圍的障礙物。為了因應人們的國際交流日益活躍暢通，能夠全天二十四小時使用的海上機場也是時代的需求吧！」

2006年2月啟用的神戶機場，以及隔年3月啟用的新北九州機場，此二者都是建造在海面的新機場。

轉移到海面上也同時降低了高停航率

在伊丹機場與關西機場之後而正是於2006年2月啟用的神戶機場，是大關西地區的第三座機場。神戶機場有著「馬林耶爾」的暱稱，非常受到大家的喜愛。馬林耶爾是結合大海之意的「馬林（marine）」及天空之意的「耶爾（air）」所創造出的語詞。機場島是建設在距離神戶中心的三宮南方約8公里處的港口島（譯註：Port Island，神戶市中央港區港島地區，是面積為436公頃的人工島。）1.2公里的附近海面上。而且機場內的商業設施也很充實。連接港口島的是神戶天空橋這座免費橋樑，當時還以「靠近市中心，且因為是海上機場，所以無須擔心噪音公害」為宣傳標語。機場正式啟用時也舉辦了盛大熱鬧的典禮。

在神戶機場啟用剛好滿一個月的同年三月，九州當地也誕生了一座新的海上機場，就是舊北九州機場以轉移到海面上的方式

改建為新北九州機場。擁有一百萬人口的北九州市，是代表九州的一大工業地區，在航空方面的需求也是年年增加。機場移建計畫就是因應日漸擴大的需求而展開的。作為一個友善環境的建設計畫，在進行機場建設時，當然會極力避免對於周遭自然環境造成破壞。而且在新機場啟用之後，因舊北九州機場靠近山邊而時常發生濃霧導致25％的高停航率，也因為地理性問題改善而大幅下降。

飄浮在大阪灣上的關西機場

2007年8月2日啟用第二條滑行跑道的關西國際機場。

46 如何處理機翼上的積雪？

　　為了出席在德國柏林所舉辦的國際會議，我搭上了由成田機場出發、經由法蘭克福飛往柏林的航班。在抵達法蘭克福機場後，卻運氣不好地遇上了紛飛大雪。德國漢莎航空停在機坪上準備飛往柏林的接續飛機，也可以見到主翼上面開始慢慢地推起了白雪。

　　「現在這個狀況是要延遲出發，還是直接停飛呢？」 突然間，腦海裡閃過了這樣的憂慮。

　　接著，紛飛大雪中有輛車子逐漸向飛機靠近，同時還打著燈光照著機體！此時出現在我眼前的，是一到寒冬時節，就經常可以看到活躍身影的特殊車輛。

隨時在機場待命的機體用除雪車

　　對於客機的飛行來說，雪是非常麻煩的東西。

　　特別是落在主翼上的積雪與附著的冰，甚至會為飛行帶來極大的影響。如果棄之不顧的話，客機的起飛性能就會大大地降低。原本藉由機翼上方流動空氣所產生的升力，也會因為附著的冰塊而造成翼面形狀改變，導致無法產生升力起飛。在美國太空總署所進行的實驗當中，甚至曾以「機翼上只要附著0.8公釐厚度的冰層，就會造成起飛時損失8％的升力」為題，而發表實驗數據結果。

　　「如果將引擎全開且開始滑動，主翼的積雪不是就可以被吹跑了嗎？」

　　或許有人會這麼想，不過停在機坪的機體在強烈冷風的吹襲下，表面溫度也呈現著驚人的低溫。如此冷透的機體也會讓雪花更容易堆積，而且不久後會凍結變硬的機翼表面積冰，在冷風的吹襲下是無法去除的。所以如果在此種情況下進行起飛動作的話，是非常危險的一件事。所以此時出動的就是機體用除雪車。這是在下雪區域冬季期間會在一旁隨時待命的特別車輛。

✈ 機體用除雪車

客機飛航時的大敵就是下雪。所以在寒冷地區的機場裡，都會準備機體用除雪車隨時在一旁待命。

利用除冰液來清除積雪與冰塊

就如同機體用除雪車的名字所顯示的，這是一輛將除冰液潑在已經結凍機體表面上以融開積雪與冰塊的作業車輛。

此種車輛的本體部分可搭載4000公升左右的除冰液。而這些分量大約能夠進行十架飛機的除冰作業。從前我到札幌的新千歲機場進行採訪作業時，就曾見到日本航空與全日本航空一共配備了十台左右的機體用除冰機隨時在一旁待命。

實際上在進行除冰作業時，大型客機會需要兩台除雪車；小型飛機則是需要一台來處理除冰任務。這種特殊車輛可依據客機大小來調整操作席的高度，而且從車上伸出的細長桿臂也能夠自由伸縮。他們會從機鼻前端開始向機體大量噴出除冰液。

在德國法蘭克福機場裡，也有著德國漢莎航空的德籍作業人員坐在除雪車的操作席上靈巧地控制著細長臂桿，並以飛機主翼、水平尾翼、機身的次序來進行除冰作業，整個作業時間大概需要15至20分鐘左右。

高空中則須倚重高溫壓縮空氣

降落在主翼上的積雪和冰層即使在機場被清除乾淨，但客機在高度一萬公尺的上空中飛行時，氣溫也會降低至攝氏零下50度以下。那麼，難道不用擔心機體也會結凍嗎？

因為高空中的空氣頗為乾燥，所以飛機的機體並不會結凍。但是在較低的高度時，飛機卻可能會出現飛進富含水分雲層裡頭的情況。但因為客機已經預先做好防止結冰的準備，所以無須擔心機體結冰。通常，此時只要將駕駛艙中的「防止結冰開關」打開，飛機就會從引擎處吹出被稱為「排氣（bleed air）」的高溫

空氣，並流過通往主翼前緣部分的輸送管來使機體表面增溫，如此就能將積雪與結冰融化了。

所以，只要飛機在機場的除冰作業能夠結束的話，通常客機就能夠順利起飛。當時我在法蘭克福機場時，雖然落雪逐漸變大，但藉由機體用除雪車的功勞，總算可以準時朝著柏林飛去。

✈ 札幌千歲機場裡的除雪車極為忙碌

在札幌的千歲機場裡，地面工作人員們一到寒冬時節就會忙著進行除雪作業。

47 機場也有生物辨識技術？

2001年9月同時間發生在美國各地的多起恐怖攻擊，造成了航空業界的劇烈震盪。為了避免如此悲慘的事件再次發生，於是世界各國便在911之後，全都持續努力強化機場的安全檢查制度。

除了阻止攜帶槍枝、刀刃、爆裂物等物品進入飛機之外，如何在機場大門就能識破以他人身分搭乘客機進行恐怖活動的意圖，也是同時間必須面對的另一個重要問題。在這方面被賦予強烈期待能夠發揮強大功效的就是所謂的「生物辨識技術（Biometric）」。

利用眼睛虹膜的類型來進行個人的辨識

利用設置在機場的數位攝影機觀看乘客，並以電腦在瞬間立刻比對眼睛的虹膜類型是否確實與本人相符，這類的實驗已在世界各地的主要機場開始推行。

率先於2001年開始這項實驗的就是全世界各地旅客都會造訪的歐洲樞紐據點——荷蘭阿姆斯特丹的史基普機場。

所謂的生物辨識，就是藉由每一個人的身體特徵來確認個人身分的技術。在間諜電影中，我們常常可以看到這種照射眼睛光線以辨別個人身分的場景。即使有時電影結局是間諜利用隱形眼鏡與義眼打敗了系統，但是實際上即使配帶隱形眼鏡或眼鏡

都還是可以加以確認的，甚至連義眼也很容易被電腦輕鬆辨識出來。

　　這種使用生物辨識技術的個人識別如果能夠實用化，除了機場的搭乘手續與手提行李檢查，其他還可以運用在旅館的報到櫃檯與出租車的租賃手續等情況。所以，全世界的航空公司相關業者對於史基普機場的實驗都極為關注，而且倫敦的希斯洛機場（Heathrow Airport）隨後也開始推行同樣的實驗。

歐洲的樞紐機場──史基浦機場

率先於2001年實施生物辨識技術的荷蘭阿姆斯特丹的史基普機場（Schiphol Airport）。

其他還有指紋、聲音、簽名等各種鑑定方式

生物辨識技術除了虹膜的個人辨別方式之外，其他還可以利用指紋與聲音、簽名等方式來進行辨認。

利用聲音辨認時，所分析的其實是聲紋，所有的模仿捏造都是沒有用的。另外，利用簽名鑑定時，電腦不但會鑑定文字的形狀，甚至連書寫速度與筆壓都會納入處理。美國從1990年代初始，藉由個人「手形」來識別身分的裝置就已經實用化了。

至於日本，在國土交通省的主導之下，也以成田機場為舞台而展開了同樣的實驗。這個實驗內容是利用電腦系統在進行搭機手續時捕捉乘客臉孔的特徵，並在瞬間辨別與護照上的相片是否為同一人。在獲得日本航空與全日本航空的協助下，此實驗已於2003年開始實施過數次了。

安全措施是否滴水不漏呢？

自從911事件之後，強化安全檢查制度已成了全世界所有機場的重大課題。

在成田機場的實驗當中，則是在出發櫃台設置裝有攝影機的自動發票機。當旅客把機票和護照放入此機械後，攝影機就會開始拍攝本人的臉孔。這個構造是利用電腦將兩眼間的差距，以及幾個臉部特徵來比對護照上的相片，電腦如果確認是本人無誤時，就會自動發出登機證。

保護個人隱私的問題也浮上檯面

不過，也是有人對於這種利用生物辨識技術來進行個人認證的方法持否定的意見。

在史基普機場實施這種生物辨識技術實驗的同一年，也就是2001年。美國佛羅里達州坦帕市所舉行的第53屆超級盃當中，發生了警察當局拍攝體育場的入場觀眾照片的事件。為了防止犯罪的目的，警察使用了將觀眾照片與罪犯臉部照片收集資料予以比對的技術。但這次行動卻引致了人權保護團體批評這是「大規模地濫用生物辨識技術的首例」。他們同時還警告說，這次事件已經預告市民行動全被追蹤的時代已然來到。之後，警察單位對於這樣的情況則採以更謹慎的方式進行。

相較於此種情況，某位在日本進行生物辨識研究開發的大公司技術者這麼說道。

「雖然保護個人隱私是很重要，但是守護大眾安全也很重要啊！在公共場所到處隨時都有攝影機拍攝已經成為現狀了。不管是便利商店或是大樓電梯裡頭，每個人都是被攝影機到處公然拍攝的。」

至於應該以保護個人隱私為最優先呢？還是為能預防恐怖事件及劫機而有某種程度的忍耐才是必要的呢？這真的是一個很難的問題啊！不知道各位的想法又是什麼？

48 客機如何進行維修保養？

　　客機的安全是由努力鑽研各種專業知識與技術的工程師們所守護的。至於每天持續不斷將我們運送到世界各地的機體，又是如何進行維修保養的呢？那麼，我們就來看看「線上維修（Line Maintenance）」、「A維修」、「C維修」、「M維修」等一般常見的四種維修保養現場。

線上維修就是與時間作戰

　　客機的維護保養可根據飛行時間及飛行次數而大致分為四個階段。

　　首先，在飛機抵達停機棚到下次出發前的這段期間所進行的就是「線上維修」。這種維修基本上以目視進行檢查，外觀是否有異常？或是輪胎是否已經磨損等條件都是確認的項目。

　　飛行國際線的客機從降落到下趟出發的時間大概是兩小時，國內線則大約僅有45分鐘至一小時。如果出現任何不妥的狀況，就必須在有限的時間當中結束檢查維護。航空維護人員的工作是從乘客全部走下飛機的那一瞬間正式開始，簡直就像是在與時間戰爭比賽。

　　為了盡可能地有效提升維修保養工作，所以最新出場的客機，也開始增設了能夠在高空飛行時將自機狀態傳送到地面的機能。維護人員們利用這個制度就可以依據朝機場飛來的客機送出

✈ 花費許多時間的機棚維修

飛行一定時間後的機體會運入維修機棚，並進行縝密的檢查、維修作業。

的資料和訊息來事先備好零件。

　　相較於這種線上維修的維護人員都是搶在平日飛行的空檔中進行維護，將機體運入維修棚廠來進行傳統檢查、保養維護的就稱之為機棚維修（Dock maintenance）。機棚維修通常選在成田或是羽田等主要機場進行，再依據飛行時間與期間將其分為「A維修」、「C維修」、「M維修」等數種方式。

等同於「車檢維護」的 C 維修

飛機大約是每飛行300至500個小時（或是一個月）左右，就必需進行A維修，不過還是會因為航空公司與機種的不同而有所差異。

一般都是在當天的飛行任務結束後就被送入維修工廠，並由十個左右的維修人員來分擔同一架飛機的作業。主要的作業項目是引擎、襟翼、起落架等重要機組件的檢查，以及油料的補充、更換，還有各部分的清掃工作等等。

至於維修所需時間則為八小時左右，當翌日清晨作業結束後就可以離開維修棚廠。

另一方面，飛行時間4000至6000個小時，大約每一年或一年半就實施一次的就是C維修了。進行C維修時，會將機體各區域的板子（panel）拆卸下來，並在各細部區域都實施仔細的檢查作業。從進入維修棚廠到離開，C維修至少需要七天左右的時間，其實可以將此種維修等同於車子的「車檢保養」。

如同更新新品的 M 維修

在機棚維修當中，最重要深入的就是M維修了。這大概是每四到五年就會用一個月時間處理實施的維修方式。這種大規模的維修會將飛機機體拆卸分解至骨架外露，甚至連塗裝也全部剝除，而且還會進行飛機構造的檢查與零件更換、重新塗裝，完成這一切程序後的機體，就能夠嶄新地一如新品。

客機除了將機體進行定期維修保養，像引擎之類的機組件也同樣各自有著定期維修整理與按時更換的義務。這些卸除下來的引擎之類物品，會被送到被稱為修理廠的專門維修中心，並於該

處分解、修理、再次組裝而煥然一新。

　　最近，越來越少航空公司會將引擎之類飛機重要機組件分解檢查，以及大規模M維修等作業全數都置於內部進行，大型的航空公司甚至開始把維修作業委託給新加坡、中國、德國等專業飛機維修公司。將保養維修作業外包出去的航空公司，當然還是必須仔細檢查處理完的引擎與機體是否經過確實的整理與維修。為了維護空中的安全，各家公司如何在未來建構出雙重、三重的檢查體制，就成了一個非常重要的課題。

主要裝備用品的維修保養

引擎之類的主要機組件都會定期拆卸下來，並置於被稱為修理廠的維修中心當中進行保養維護。

49 如何成為客機的維護人員？

「結束了深夜直至清晨的徹夜工作，並在隔天目送第一班飛機起飛的心情，是任何語言都難以形容的。而所有維修單位的工作人員，他們臉上都會洋溢著充實滿足的神情！」

某個在成田機場工作的資深維護人員，在接受採訪時這麼地回答道。

提到航空業界，一般都很容易將焦點放在飛行駕駛與空服員這類華麗的工作上。不過，他們對自己成為支持每日安全舒適飛行的無名英雄，的確是感到無比驕傲的。

那麼，又有什麼方法可以成為維護人員呢？

專門學校的維護人員訓練課程

在日本，如果要想成為客機的維護人員，那麼參加航空專門學校的維護人員訓練課程，之後再循序進入航空公司就職就是一般最常見的課程。

每個想成為飛機維護人員的人們在進入航空公司後，都必須以取得所屬機種的「一等航空維護員」國家資格為目標，開始努力研讀學習。除了在公司內針對飛行器相關機械結構的基礎與維護方法、專門用語等部分進行學習與實習外，同時還需要在機棚內向維護員前輩們學習必要的知識與技術。在歷經數次的學科考試和實地考試，以及嚴格的社內審查後，才能接受一等航空維護

員的國家考試。

近年來，希望成為飛機維護員的女性們也逐年漸次增加，2007年3月，甚至有全日本航空的兩位女性社員，首次以女性身分通過了極為困難的一等航空維護員考試，並成為眾人津津樂道的話題。

這兩位女性是在2002年同時進入全日本航空，並且經過該公司內部的維修人員訓練課程學習，之後取得了該社主力機型之一的波音767型客機的一等航空維護人員資格。目前，這兩位女性均在成田機場中擔任飛往中國與夏威夷班機的機體維護工作。

✈ 客機的維護是無比自豪的工作

航空公司維修人員是保持每天都能安全舒適飛行的無名英雄。

日本航空與全日本航空所倡始的新制度

航空業界在這數年間，正面對著大量曾經活躍於現場的資深維護人員開始退休的時期，所以對於維護人員的不足憂心忡忡。隨著成田機場與羽田機場的班次起飛降落範圍擴大，當然也會越來越需要新的維護人員，所以日本航空集團與全日本航空集團便針對有效育成維護員這部分，持續進行了深刻的檢討。

於是，這兩家公司便在2007年四月開始了嶄新制度。他們嘗試和日本航空專門學校及中日本航空專門學校互相合作，來開辦育成可執行大型飛航客機出發前維護確認作業的「一等航空維護員」的訓練課程。

預防維修人員的不足

日本航空與全日本航空兩家公司與維護專門學校互相合作，並在西元2007年4月展開了新的維護員育成制度。這是學生在實習中的景象。

　　具體說來，就是在日本航空專門學校及中日本航空專門學校新開設「一等航空維護員課程」。一、二年級生的目標是在各自的學校內學習航空器相關基本教育，三年級生則是以航空集團的交換生身分進入成田、羽田機場的教育設施和維護工廠當中，一邊接受老師指導、監督，一邊學習大型客機相關知識與各種技術。對於夢想著成為飛機維護人員的人們來說，機會真的越來越寬廣了。

溝通能力是相當必要的特質

　　那麼，要想成為維護人員，除了工程方面的知識，還需要努力進行哪方面的學習呢？

　　「許多人在進入公司後強烈感覺到最需要的部分，莫過於語言能力的必要性。」某位擔任社內指導工作的日本航空維護員這麼表示。「客機主要都是在歐洲與美國所製造的，維護手冊也都是用英文書寫。所以語言能力是絕對必要的。以維護員為目標的人，越早開始學習英文越好！」

　　其實除了功課的研讀之外，還有許多事情也很重要。

　　舉例來說，擔任維護人員所需要的重要特質之一，就是每天的工作都需要的判斷力和決斷力。這個特質是無法只靠讀書或是聽人說話就能培養出來的。因為隨著客機日益大型化，當然也必須組成維護團隊，所以和其他維護人員之間的協調能力也就越來越重要。

　　日本航空的維護人員繼續提供了他的忠告。

　　「努力研讀雖然很重要，但放鬆玩樂也很重要。希望大家都能在日常生活中和許多人接觸，進而培養出良好溝通能力，以及能夠受到大家喜愛的性格。」

50 誰來管制空中交通秩序？

　　在機場的時候，大家應該都能看到高處的地方有著一棟鑲著玻璃的高塔與建築物。那就是所謂的「塔台（control tower）」，對於機場功能來說非常重要的一個設施。而以這座塔台為舞台，對起飛或降落的客機提出指示而予以控制機場情況的人就是航空管制官（Air Traffic Controller，又稱飛航管制員）。

指示飛機起飛或是進入機場、等待等情況

　　所有客機都是在航空管制的情況下進行飛航的。不僅僅是飛行，如果沒有航空管制官的許可，飛機在機場也無法隨意移動。也可以說，客機的飛行與航空管理有著極為密切的關係。

　　像是成田、羽田、關西，中部等日本主要的機場，其實都有著航空管制官隨時常駐在塔台裡。他們進行空中交通管制時，除了引導起飛客機離開停機坪進入滑行跑道，同時還需向在滑行道上碰頭的兩架飛機的一方提出「停止」的指示等等。從海外或是其他機場飛來的客機在進入管制區域後，也是必須接受管制官的指示，有時機場出現混亂繁忙的情況時，飛機甚至會被命令暫時在機場上空等待。

　　管制官的舞台並不限於機場而已。只要是飛過日本管制空域的所有客機，在離開起飛機場的管轄區域後，就要依照管制中心的雷達來進行統一管理。在日本，總共有札幌、東京、福岡、那

羽田機場的塔台

飛機從起飛或降落,再到機場內的移動等各種動作,全都必須遵從塔台的指示,因為他們控制著客機的安全飛航。

霸等四個區域管制中心(ACC,Area Control Center),而東京區域管制中心(埼玉縣所澤市)的範圍涵蓋了東北至中國、四國及其附屬太平洋海域。

除了從日本出發或到達的國內、國際航線外,通過日本上空的客機也全都必須由區域管制中心控制。從東京成田機場出發的客機在到達6000公尺左右的高度後,就會開始與東京區域管制中心聯絡通訊,而飛往東南亞的航班就要由東京區域管制中心移轉給那霸區域管制中心,之後再飛行移往馬尼拉區域管制中心的管制範圍。

在日本,有兩種方法可以成為航空管制官。一種是高中畢業後通過航空保安大學的考試,在這兩年研讀期間是以公務人員身分領取薪水。另一個則是在一般大學畢業後,通過航空管制官採用考試的方法。未滿28歲的人都可以報考,雖然是錄取率僅有百分之一的超困難考試,不過每年都還是有許多夢想著在天空工作的人們前去挑戰。

國家圖書館出版品預行編目資料

飛機如何飛上天？／秋本俊二 著；吳佩俞 譯.
—— 初版 . —— 臺中市：晨星，2009.10
面； 公分 .——（知的！；05）

ISBN 978-986-177-316-2（平裝）

1. 航空學 2. 飛機 3. 飛行器

447.8 98017041

知
的
！
05

飛機如何飛上天？

——從機場發現 50 個航空新常識

作者	秋本俊二
譯者	吳佩俞
編輯	陳佑哲、徐惠雅
行銷企劃	陳俊丞
美術編輯	施敏樺
封面設計	陳其輝

創辦人	陳銘民
發行所	晨星出版有限公司
	台中市 407 工業區 30 路 1 號 1 樓
	TEL:(04)23595820 FAX:(04)23550581
	行政院新聞局局版台業字第 2500 號
法律顧問	陳思成律師
初版	西元 2009 年 10 月 30 日
再版	西元 2020 年 07 月 01 日（十刷）

總經銷	知己圖書股份有限公司
	台北市 106 辛亥路一段 30 號 9 樓
	TEL：（02）23672044 / 23672047 FAX：（02）23635741
	台中市 407 工業 30 路 1 號 1 樓
	TEL：（04）23595819 FAX：（04）23595493
	E-mail：service@morningstar.com.tw
	網路書店 http://www.morningstar.com.tw

郵政劃撥	15060393（知己圖書股份有限公司）
訂購專線	02-23672044
印刷	上好印刷股份有限公司

定價 250 元

（缺頁或破損的書，請寄回更換）
ISBN 978-986-177-316-2
Published by Morning Star Publishing Inc.
Minna ga Shiritai Ryokakuki no Gimon 50
Copyright ©2007 Shunji Akiomto
Chinese translation rights in complex characters arranged with Softbank
Creative Corp., Tokyo through Japan UNI Agency, Inc., Tokyo and Future View
Technology Ltd., Taipei.
Printed in Taiwan

日本航空 · B737-800

大韓航空 · A300 - 600

新加坡航空 · A380

夢幻運輸機

紐西蘭航空（Freedom Air）· B737-300

大陸航空 · B737 - 800

太平洋航空 · B747-400

斯塔地那維亞航空 · A340 - 300

英國航空 · B747-400

法國航空 · 超音速客機